SAMMLUNG GÖSCHEN BAND 583/583a

DIE MASCHINEN DER EISENHÜTTENWERKE

von

DR.-ING. LUDOLF ENGEL
ord. Prof. an der Bergakademie Clausthal

Mit 95 Bildern

WALTER DE GRUYTER & CO.
vormals G. J. Göschen'sche Verlagshandlung · J. Guttentag,
Verlagsbuchhandlung · Georg Reimer · Karl J. Trübner · Veit & Comp.

BERLIN 1957

 — Archiv-Nr. 11 05 83. — Satz und Druck: Saladruck, Berlin N 65. — Printed in Germany

Inhalt

Seite

Einleitung

Die Betriebsabteilungen der Eisenhüttenwerke können in folgende Anlageeinheiten aufgegliedert werden: Hüttenkokerei, Hochofen und Nebenanlagen, Stahlwerke, allgemeine Walzwerke, Rohrwalzwerk, Preß-, Schmiede- und Hammerwerke, Gießereibetrieb, Werkstätten, Energiebetriebe und Elektroanlagen, Verkehrsbetriebe.

Hinzu kommen noch Nebenbetriebe, die sich hauptsächlich aus den jeweils vorliegenden Bedingungen der Verbundwirtschaft, Kohle-Eisen-Energie-Chemie-Steine und Erden u. a. m., ergeben.

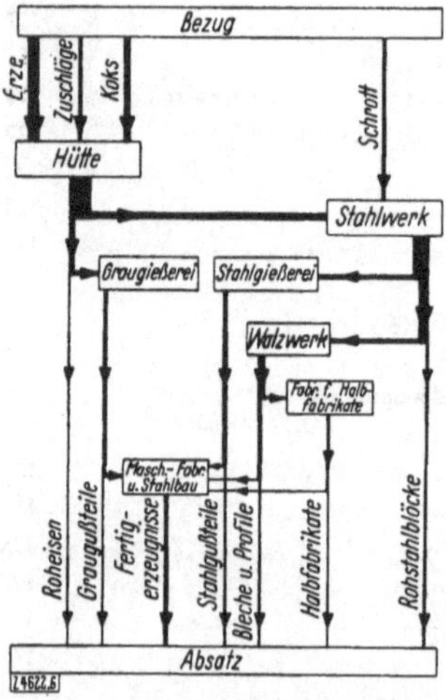

Bild 1. Verarbeitungsmöglichkeiten innerhalb eines einzigen Verbundunternehmens der eisenschaffenden und eisenverarbeitenden Industrie (ZVDI, 15. 3. 1953, S. 403)

Je nach dem Standort, je nach der Rohstoff- und der Brennstoff-Versorgung, je nach dem Aufgabenbereich der weiterverarbeitenden und angeschlossenen Betriebe werden sich im Aufbau der Eisenhüttenwerke, in der Zahl und Gliederung der Betriebsabteilungen die unterschiedlichsten Verhältnisse ergeben.

Schon die Verarbeitungsmöglichkeiten in einem gemischten Hüttenwerk, in dem Zechen, Hochofen, Stahlwerke, Walzwerke, Drahtzieherei u. a. in einer Hand liegen, sind außerordentlich unterschiedlich (Bild 1). Demgemäß wird auch die maschinelle Ausrüstung sehr verschieden sein.

Man kann jedoch die Maschinen und maschinellen Anlagen in folgende zweckbedingte Gruppen einteilen:

Maschinen zur Stoffbewegung, zur Kraftversorgung, zur Windversorgung, zur Wasserversorgung, zur mechanischen Veredelung und Formgebung.

Die einzelnen Maschinen oder maschinellen Anlagen werden in gleicher, ähnlicher oder den jeweiligen Betriebsbedingungen angepaßter Form in den verschiedenen Betriebsabteilungen gebraucht.

So werden z. B. stetige Förderanlagen im Rahmen der Stoffbewegung auf Verladebrücken, in der Hüttenkokerei, im Energiebetrieb, in der Gießerei oder anderen Betriebsabteilungen verwendet; die Maschinen zur Windversorgung im Hochofen- und Stahlwerksbetrieb.

Die Aufteilung eines Hüttenwerkes in einzelne Betriebsabteilungen kann also nicht mit der Einteilung der Maschinen oder maschinellen Anlagen übereinstimmen.

1. Maschinen zur Stoffbewegung

11 Allgemeine Übersicht

Die Stoffmengen, die an das Eisenhüttenwerk heranbefördert und im Hüttenwerk umgesetzt werden müssen, sind außerordentlich groß. Umfangreiche maschinelle Apparaturen sind zum Umschlag dieser Stoffmengen notwendig.

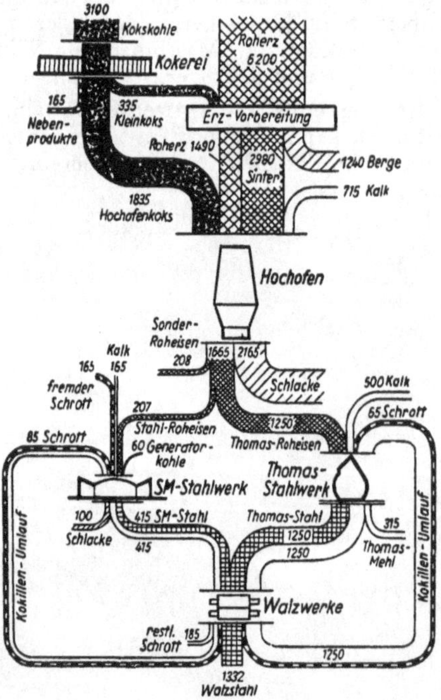

Bild 2. Stoffstrom der festen Stoffe (in t / 24 h) durch ein Hüttenwerk (500 000 tRSt / Jahr) mit 75 % Thomas- und 25 % SM-Stahl (F. Lüth, Planung und Bau von Hüttenwerken, Springer 1952)

Den Stoffstrom der festen Stoffe (in t/24 h) durch ein Hüttenwerk (500 000 t Rohstahl/Jahr) mit 75 % Thomas- und 25 % Siemens-Martin-Stahl zeigt Bild 2.

Die Größenordnung der umgesetzten festen, flüssigen und gasförmigen Stoffe, bezogen auf eine tägliche Erzeugung von 1000 t Roheisen in einem Hochofen, die heute keine Seltenheit mehr ist, zeigt die nachstehende Aufstellung und das Bild 3.

Vorausgesetzt ist dabei die Erzeugung von Thomaseisen und die Verwendung eines „normalen“ Ruhrmöllers.

Möllerung	2 077 t
Koks	938 t
Wind	3 540 t
Kühlwasser	24 000 t
Gichtgas an der Gicht	4 810 t
Staub (abgeschieden) im Gichtgas .	152 t
Schlacke	593 t

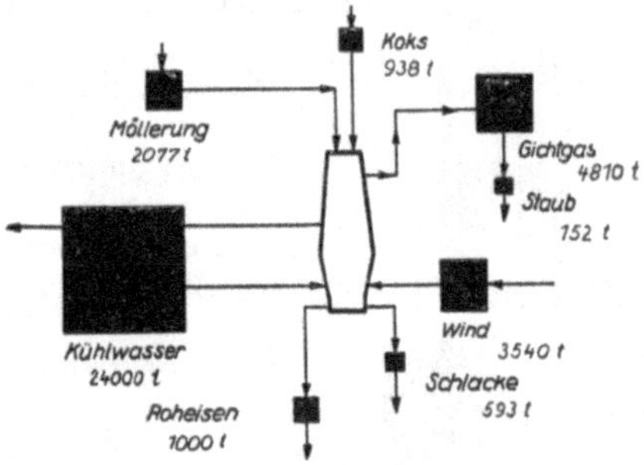

Bild 3. Tagesumsatz der Stoffmengen in einem Hochofen mit 1000 tat RE

Von der sorgfältigen Planung, der Leistungsfähigkeit und der Wirtschaftlichkeit der Umschlaganlagen und der Fördermittel hängt das erfolgreiche Arbeiten des Hüttenwerkes wesentlich ab.

Grundsätzlich wird die Zufuhr der Rohstoffe von der Abfuhr der Erzeugnisse räumlich möglichst vollkommen

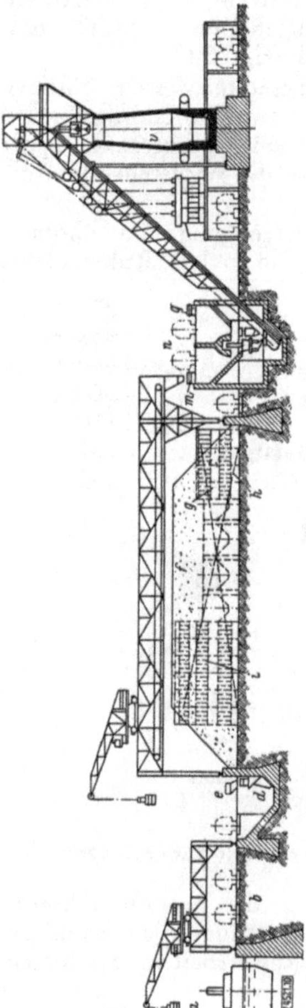

Bild 4. Erzanfuhr zum Hochofen (ZVDI, 15. 5. 1953, S. 438, Abb. 10)

getrennt. Die Rohstoffe, d. h. Schmelzstoffe und Brennstoffe, können entweder auf dem Wasserwege oder auf dem Schienenwege herangefördert werden. Werden die Stoffe auf dem Wasserwege (mit Seeschiff oder Lastkahn) zugeführt, dann sind für die Schiffe Hafenanlagen und Entladevorrichtungen, wie Krananlagen oder Verladebrücken, notwendig. Werden sie auf dem Schienenwege mit Eisenbahnwagen angeliefert, sind andere Umschlagsvorrichtungen, wie Wagenkipper, Selbstentladewagen, Transportbänder, erforderlich (Bild 4).

Werden Schmelzstoffe — beispielsweise Erze — in der Nähe gewonnen oder kommt der Brennstoff aus einer nahegelegenen Kokerei, kann von der Gewinnungsstelle eine unmittelbare Verbindung mittels Seilbahn oder stetigem Förderer mit dem Hochofen geschaffen werden.

Häufig muß das Erz aus verschiedenen Gegenden, aus Übersee oder europäischen Ländern, bezogen werden. Es ist dann in seiner Beschaffenheit sehr unterschiedlich, erfordert getrennte Lagerung und u. U. besondere mechanische Vorbehandlung durch Brecheranlagen. Je nach den örtlichen Verhältnissen sind also die verschiedenartigsten Umschlageinrichtungen mit Nebenanlagen anzutreffen. Die gleichmäßige Versorgung des Hochofens mit Rohstoffen — Schmelz- und Brennstoffen — muß auch bei stoßweisem Antransport dieser Stoffe — wie sie beispielsweise beim Antransport durch Seeschiffe stattfindet — gewährleistet sein.

Um in kürzester Zeit zu entladen und längere Liegezeiten der Schiffe zu vermeiden, sind leistungsfähige Umschlageinrichtungen vorzusehen, mit denen auf Zwischen- und Hauptlagerplätzen entladen werden kann. Große Speicherräume dieser Lagerplätze und Bunker stellen die gleichmäßige Versorgung des Hochofens sicher. Erzlagerplätze sollten einen Vorrat für mindestens 5 Monate fassen, und die Bunkeranlage sollte so groß bemessen sein, daß sie die für jeden Hochofen gewünschte Erzsorte für mindestens drei Tage bereithält.

Der Brennstoff für den Hochofen kann als Koks im Fremdbezug angeliefert werden oder wird als Kokskohle, d. h. meist weniger wertvolle Steinkohle, angeliefert, die anschließend in einer beim Hüttenwerk liegenden Kokerei verkokt wird.

Zur Herstellung chemisch und physikalisch bester Kokskohlegemische werden in den Transportweg bei neuzeitlichen Anlagen Kohlemahl- und -mischanlagen eingeschaltet, deren Einrichtung sich natürlich nach den jeweils vorliegenden Verhältnissen richtet.

Für den Transport des aus dem Koksofen anfallenden Kokses zum Hochofen werden als Fördermittel — je nach den örtlichen Verhältnissen — stetige Förderer, Seilbahnen oder Großraumwagen mit Selbstentladevorrichtungen, gegebenenfalls mit eigenem elektrischem Antrieb des Förderwerks, benutzt. Bei Beschickung mit Trichterkübeln können diese unmittelbar am Koksofen gefüllt und mit Zubringewagen zum Gichtaufzug gebracht werden.

Koks muß vor Beschickung, d. h. vor Aufgabe in den Hochofen, mechanisch in Koksbrech- und Siebanlagen vorbehandelt werden, damit er gleichstückig und vom Grus befreit wird. Bei der Beförderung und den verschiedenen Umlagerungen auf dem Wege vom Koksofen zum Hochofen soll möglichst wenig Abrieb anfallen. Es wird angestrebt, daß alle Stoffe, Schmelz- und Brennstoffe, möglichst schonend befördert werden, damit sie ohne Zerfall auf dem Transportwege in den Hochofen gelangen.

Zwischen dem Hochofen, dem Stahlwerk und den anderen weiterverarbeitenden Betrieben sind wiederum die verschiedenartigsten Umschlageinrichtungen je nach dem zu befördernden Gut notwendig. Gießpfannen, Schrott, Blöcke, Halb- und Fertigfabrikate müssen befördert werden. Die Anlagen hierfür haben die unterschiedlichsten Formen und sind z. T. für die schweren Lasten, d. h. bis zu 350 t Tragkraft, auszulegen.

Betriebswirtschaftlich gesehen sind die Gestehungskosten für die Beförderung von Rohstoffen, Halbzeug- und Fertigfabrikaten innerhalb eines Werkes und zum Werk hin für den Endpreis der Erzeugnisse von Bedeutung. Sie können die Wettbewerbsfähigkeit eines Unternehmens im günstigen oder ungünstigen Sinne beträchtlich, wenn nicht ausschlaggebend beeinflussen.

12 Umschlaganlagen

Die in den Hochofenwerken verarbeiteten Rohstoffe sind mengenmäßig so bedeutend, daß ihr Umschlag und ihre Lagerung für die Anlage und Anordnung des Werkes maßgebend wird. Die örtlichen Verhältnisse und die Betriebsverhältnisse, wie Antransport der Rohstoffe durch Seeschiffe, Flußschiffe oder Eisenbahn — von Sonderfällen wie Seilbahnen abgesehen —, die verschiedenen Möglichkeiten des Umschlages ohne Lagerplatz und mit Lagerplatz, bestimmen die Planung und die Gestaltung der im einzelnen anzuwendenden Umschlaganlage. Dabei wird nach Möglichkeit das eigentliche Löschgeschäft von der Verteilung der Güter getrennt.

Eine Umschlaganlage kann einer eindeutig festgelegten Hauptaufgabe dienen. Häufig müssen jedoch von ihr gleichzeitig verschiedene Nebenaufgaben übernommen werden, da die Aufgaben, denen die Umschlageinrichtungen dienen müssen, im allgemeinen zahlreich und vielseitig sind. Als wichtigstes Umschlaggut ist das Erz anzusehen. Dieses wird u. U. in verschiedenen Sorten angeliefert, die getrennt gelagert werden müssen.

In diesem Zusammenhang soll auf eine Großumschlaganlage für Erz hingewiesen werden. Die Daten dieser Anlage sind nach E. Kemna, Stahl und Eisen 73 (1953), S. 546:

„Der Lagerplatz ist 800 m lang und 100 m breit. Die Stapelhöhe für das Erz beträgt 22 m. Jede der vier den Platz überspannenden Ladebrücken hat eine Tragkraft von 35 t. Die gesamte Länge der eingebauten Förderbänder beträgt 3,6 km. Stündlich können 4000 t mit Selbstenladern ankommendes Erz auf den Lagerplatz gebracht werden, wo es nach Sorten getrennt gelagert wird, während gleichzeitig mit den vier Verladebrücken und einem System von Förderbändern 4000 t Erz vom Lager in Schiffe umgeschlagen werden. Die Schiffe können das ankommende Erz auch unter Umgehung des Lagerplatzes unmittelbar laden. Das riesige Fassungsvermögen des Lagers und die klare Trennung der Lagerplatz-Beschickung von der Schiffsladung ermöglichen die sofortige Belieferung der ankommenden Schiffe mit jeder gewünschten Erzsorte. Das Erz kann sogar beim Aufgreifen vom Lager gemischt und in einer Brechanlage zerkleinert werden, bevor es in die Schiffe gelangt."

Bei den anderen wichtigen Umschlaggütern, wie Kohle, Koks, Schlacken und dergl., liegen die Verhältnisse ähnlich. Die Leistung der Umschlaganlage muß so groß bemessen sein, daß sie imstande ist, die ankommenden Hauptgüter in kürzester Zeit zu entladen, da längere Standzeiten der Eisenbahnwagen und Liegezeiten der Schiffe kostspielig sind und vermieden werden müssen. Stoßweiser Antransport der Güter bedingt also auch leistungsfähige Umschlaganlagen. Unter Umständen müssen 3 bis 4 Verladebrücken angeordnet werden.

Weiterhin sind die klimatischen Verhältnisse, unter denen die Umschlaganlage zu arbeiten hat, wie Frostgefahr, zu berücksichtigen.

Die an eine Umschlaganlage gestellten Aufgaben und die Bedingungen, unter denen die Anlage arbeitet, sind so verschiedenartig, daß der Bau einer solchen Anlage, die Massengut umzuschlagen hat, im allgemeinen eine einmalige Aufgabe wird.

Grundsätzlich bestimmt die Massengüter-Umschlagtechnik die Forderung nach größter Leistung bei höchster Wirtschaftlichkeit. Da die Einrichtungen erhebliche Anlagekosten und Betriebskosten bedingen, gewinnt das wirtschaftliche Moment eine außerordentlich große Bedeutung.

Nun kann mit einer Vergrößerung von Tragkraft und Arbeitsgeschwindigkeit allein die Forderung nach größter Leistung bei höchster Wirtschaftlichkeit nicht erfüllt werden, es sind noch andere Faktoren bestimmend.

Die Tragkraft findet durch die Größe der Schiffsluken und, dadurch bedingt, die Größe des Greifers bald eine natürliche Grenze. Als praktisch erprobte Grenzwerte haben sich dabei für Erzumschlag etwa 20 t, für Kohle 15 t herausgestellt, wenn es sich nur um Platzarbeit handelt, z. B. Aufgreifen vom Platz und Bunkerbeschickung, dann auch bis 35 t. Die Arbeitsgeschwindigkeit kann, ähnlich wie bei anderen Fördereinrichtungen, auch hier nicht beliebig gesteigert werden. Die Arbeitsstrecken sind überall verhältnismäßig kurz. Beim Arbeitsspiel überwiegen daher die Anlauf- und Auslaufzeiten, welche bestimmend für die einzubauende Motorleistung sind. Wird die Anlaufzeit verkürzt, d. h. mit vergrößerter Beschleunigung gearbeitet, dann wird die einzubauende Motorleistung und die Stromaufnahme hoch, ohne daß die Arbeitsgeschwindigkeit nennenswert gesteigert wird. Die tatsächlich im Betrieb erreichte Leistung hängt in hohem Maße auch von der Geschicklichkeit der Bedienung ab. Daher ist es wichtig, daß die Anlage möglichst bequem und ermüdungsfrei bedient werden kann. Eine geschickte Bedienung kann auch mit einer technisch unvollkommenen Apparatur beachtenswerte Leistungen erzielen.

Die Mittel, die zur Erzielung größter Wirtschaftlichkeit angewendet werden, sind naturgemäß mit den stark wechselnden örtlichen und betrieblichen Verhältnissen von Fall zu Fall verschieden. Liegt eine eindeutig umrissene Hauptaufgabe vor, dann kann die Umschlaganlage mit Rücksicht auf beste Wirtschaftlichkeit gestaltet werden. Die Wirtschaftlichkeit leidet um so mehr, je mehr Nebenaufgaben übernommen werden müssen, die, jede für sich, eine andere optimale Lösung finden ließen.

Für die wirtschaftliche Gestaltung kann man ganz allgemein drei wichtige Gesichtspunkte herausstellen:

1. möglichst kurze Pausen und zeitliches Zusammendrängen der Arbeitsspiele,
2. Beschränkung des Arbeitsspiels auf kurze, ohne Beschleunigung großer Massen durchzuführende Bewegungen,
3. bei der Förderung über größere Strecken, die Unterteilung des Fördervorganges in zwei getrennte Abschnitte: die Lastaufnahme (durch Greiferkatze oder Greiferkran) und die Weiterleitung durch stetige Förderer.

Diesen Bedingungen werden auf den Eisenhüttenwerken nach dem heutigen Stand der Güterumschlagtechnik am besten die Drehkrane, meist als Torkrane ausgebildet, und die Verladebrücken gerecht. Beide werden für Greiferbetrieb ausgerüstet. Sie arbeiten vielfach in Verbindung mit stetigen Förderern.

121 Drehkrane

Der bewährte Drehkran mit festem Ausleger (Bild 5) wird gewöhnlich in allen Fällen ausreichen, in denen keine höheren Ansprüche an die Umschlagleistung gestellt wer-

Bild 5. Drehkran mit festem Ausleger (MAN-Druckschrift „Hafendrehkräne", Abb. 1)

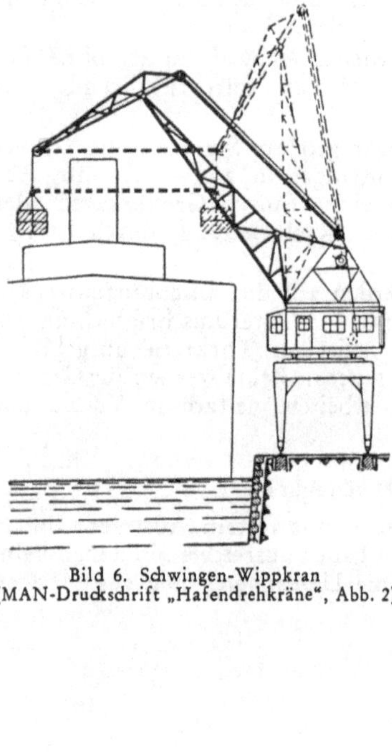

Bild 6. Schwingen-Wippkran (MAN-Druckschrift „Hafendrehkräne", Abb. 2)

den. Bei stillstehendem Kr
ist die Arbeitsfläche prakti
nur durch den Kreis
geben, dessen Radius die A
lage ist. Um die gesan
Fläche unter dem Kran
nutzen, muß der Kran wä
rend des Umladens stän
verfahren werden.

Drehkrane mit Wippa
leger (Bild 6) werden
kleinere Lasten und mittl
Ausladung bei hoher Arbei
geschwindigkeit in der B
art als Schwingen-Wippkr
mit einem um eine feste Ac
beweglichen Ausleger geba
Sie haben den Vorteil, d
sich mit dem beweglich
Ausleger die Lasten inn
halb der gesamten, zwisch
größter und kleinster A
legung liegenden Kreisri
fläche aufnehmen und
setzen lassen, ohne daß
Kran häufig verfahren wi
Es ist auch möglich, mehr
— auch 6 bis 10 — Wi
krane dicht nebeneinan
auf ein Schiff anzusetz
ohne daß diese sich geg
seitig stören. Da die L
beim Einziehen des A
legers waagerecht gefü
wird und das Ausleg
gewicht an allen Seiten a
geglichen ist, werden Höh
unterschiede und Vertik

beschleunigungen vermieden, und die Wippbewegung kann mit geringem Stromverbrauch und höherer Geschwindigkeit ausgeführt werden.

Für besonders große Lasten und große Ausladungen hat sich der Doppellenker - Wippkran (Bild 7) eingeführt, der auch ein Arbeiten über sehr hohe Schiffsaufbauten gestattet.

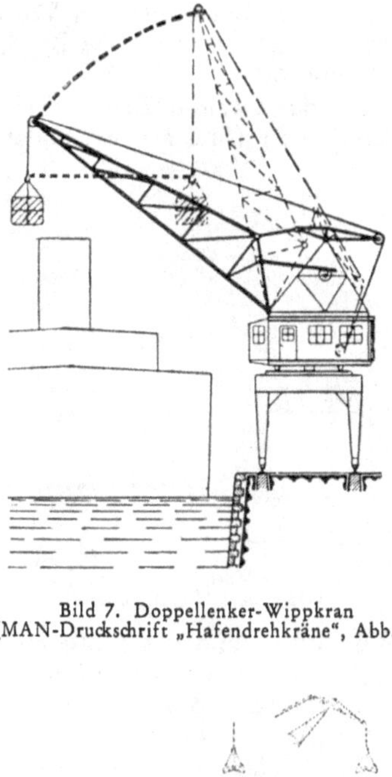

Bild 7. Doppellenker-Wippkran (MAN-Druckschrift „Hafendrehkräne", Abb. 3)

122 Verladebrücken

Die Verladebrücken werden in zwei Grundformen, und zwar als Drehkran- und als Katzbrücke gebaut. Die einfache Drehkranbrücke (Bild 8) ist überall dort am Platze, wo eine möglichst vielseitig verwendbare Umschlaganlage erforderlich ist,

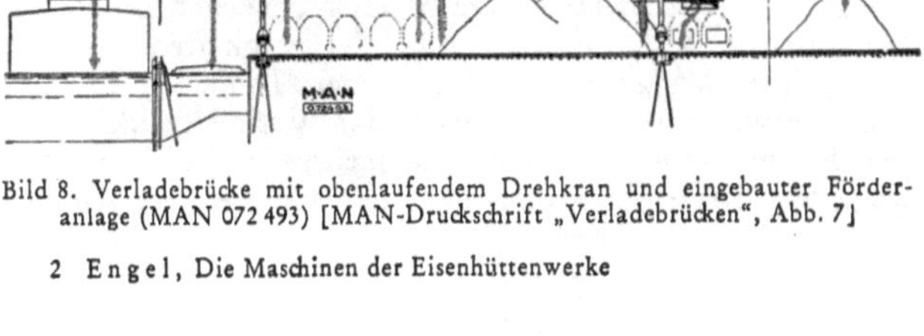

Bild 8. Verladebrücke mit obenlaufendem Drehkran und eingebauter Förderanlage (MAN 072 493) [MAN-Druckschrift „Verladebrücken", Abb. 7]

die sich gleichermaßen für Kübel-, Greifer- und Stückgutbetrieb auf dem Lagerplatz und für Wasser-Landumschlag bei nicht allzu großer Reichweite über Uferkante eignet. Die Anordnung des fahrbaren Drehkranes auf dem Obergurt der Brücke ergibt den Vorteil eines größeren Arbeitsbereichs, da die Brücke im Betrieb wenig gefahren zu werden braucht.

Bei der zweiten Grundform von Verladebrücken, der Katzbrücke (Bild 9), verwendet man wegen der besseren

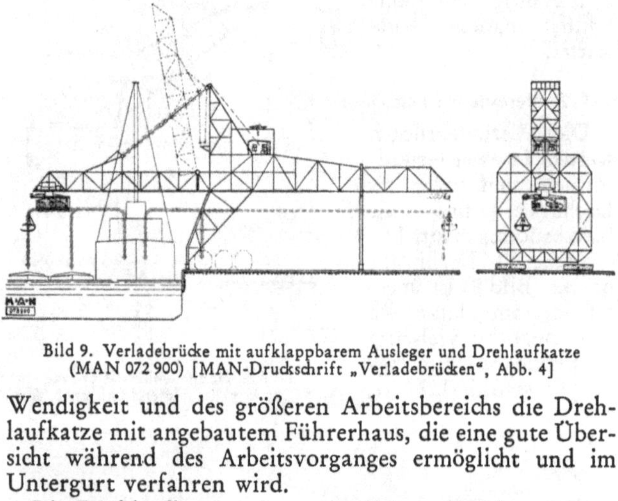

Bild 9. Verladebrücke mit aufklappbarem Ausleger und Drehlaufkatze (MAN 072 900) [MAN-Druckschrift „Verladebrücken", Abb. 4]

Wendigkeit und des größeren Arbeitsbereichs die Drehlaufkatze mit angebautem Führerhaus, die eine gute Übersicht während des Arbeitsvorganges ermöglicht und im Untergurt verfahren wird.

Die Drehlaufkatze mit wasserseitigem Brückenausleger ist im allgemeinen dort am Platze, wo in Seehäfen vorwiegend der Umschlag vom Seeschiff in danebenliegende Leichter bis zur dritten Lage bewältigt werden muß. Dabei kann die Drehlaufkatze ohne Schwierigkeiten mit einer eichfähigen Waage ausgerüstet werden. Der über die Kaikante hinausreichende Ausleger der Verladebrücke wird bei den mit einer Laufkatze ausgerüsteten Brücken hochklappbar ausgebildet oder, bei der neueren Verschiebeträgerbrücke wird der ganze Brückenträger auf seinen Stützen verschiebbar angeordnet, damit er im Bedarfsfalle aus dem Bereich der Schiffsmasten herausgezogen werden kann (Bild 10). Die Verschiebeträgerbrücke — insbesondere

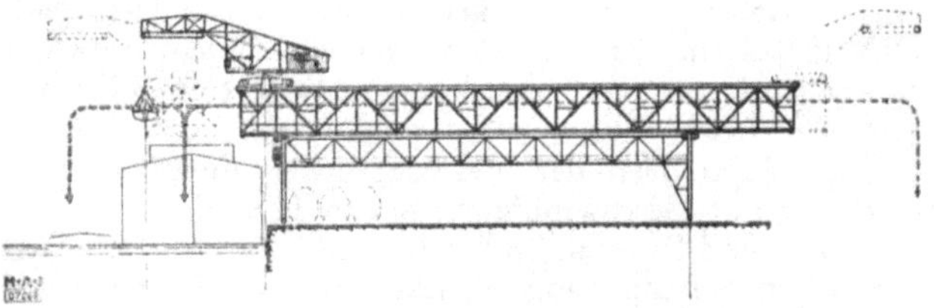

Bild 10. Verladebrücke mit Verschiebeträger (MAN 072629) (MAN-Druckschrift „Verladebrücken", Abb. 6)

wenn sie außerdem noch schwenkbar ist — kann auch die zur Durchführung einer bestimmten Transportaufgabe jeweils günstigste Stellung einnehmen, wodurch die Zeit für ein Arbeitsspiel wesentlich verkürzt wird.

123 Leistungs- und Konstruktionsdaten

Der Bemessung der Krananlage wird die geforderte Stundenleistung zugrunde gelegt, wobei sich die Tragkraft aus der stündlichen Spielzahl bei optimaler Arbeitsgeschwindigkeit ermitteln läßt.

1231 Drehkrane

Die Drehkrane für Greiferbetrieb werden als Voll- oder Halbportalkrane nach DIN 15021 mit Tragkraft bis zu 20 t und nach DIN 15023 Ausladung beim Drehkran mit festem Ausleger bis zu 25 m, beim Wippausleger bis zu 32 m ausgeführt. Die Arbeitsgeschwindigkeiten werden nach DIN 15022 für Heben mit bis zu 100 (125) m/min, Drehen bis zu 250 m/min an der Auslegerspitze angegeben. Die Fahrgeschwindigkeit des Portalkrans wird wegen der großen zu bewegenden Massen im Durchschnitt zu 30, höchstens 60 m/min gewählt.

1232 Verladebrücken

Die Verladebrücken mit Greiferbetrieb werden mit Tragkraft von 3 bis 35 t, Erzkräne meist 10 bis 20 t, Lagerplatzbrücken für Erz bis zu 35 t ausgeführt.

Die Arbeitsgeschwindigkeit beim Heben ist nach DIN 15 022 mit 25 bis 125 m/min, die Geschwindigkeit an der Auslegerspitze bei größter Ausladung beim Drehen mit 125 bis 250 m/min anzunehmen.

Das Längsfahren der Verladebrücken und Torkräne geschieht mit Geschwindigkeiten von 12,5 bis 20 m/min, das Katz- und Kranfahren bis 20 m/min, wobei die hohen Werte nur für sehr lange Brücken in Frage kommen.

Brücken werden mit einer Spannweite bis zu etwa 100 m ausgeführt. Je nach Art des Fördergutes, Größe der Arbeitsgeschwindigkeit und der örtlichen Verhältnisse ergibt sich eine Umschlagleistung von 20 bis 60 Spielen in der Stunde und höher. Bei Kohlenumschlag werden von Verladebrücken und Kranen mit Greiferbetrieb Leistungen bis zu etwa 200 t/h erzielt, größere Leistungen bis zu etwa dem Doppelten können durch Sonderbauarten erreicht werden. Bei Erzumschlag genügen für einen Hochofen mit einer Leistung von 1000 tato unter Berücksichtigung der Betriebspausen zwei Verladebrücken mit einer Stundendurchschnittsleistung von je 50 t/Stunde. Im Umschlagbetrieb (Hafen) werden Brücken von 500 bis 1000 t/Std. eingesetzt. Zur Steigerung der Umschlagleistung wird der Umschlagvorgang bei neuzeitlichen Anlagen auf mehrere Umschlagapparaturen zeitlich unterteilt oder parallel geschaltet. Zu diesem Zwecke werden die Verladebrücken zusätzlich mit Bandanlagen, Bunkern, Wiegevorrichtungen und Siebanlagen ausgerüstet.

124 Einzelkonstruktion

1241 Krangerüst

Die Berechnungsgrundlagen für die Stahlbauteile von Kranen und Kranbahnen sind die gleichen wie die allgemein im Hebezeugbau üblichen (DIN 120). Im Kranbau werden für den Bau von Torkranen und Verladebrücken meist ebene, statisch bestimmte Fachwerke verwendet. In neuerer Zeit werden die Portale und Ausleger der Krane

Bild 11. Drehkran in geschweißter Vollwandbauweise (St + E 1953, S. 546, Bild 3)

auch in Schalen- oder Kastenträgerbauweise aus gekanteten oder geschweißten Blechen ausgeführt (Bild 11 und 12). Die Belastung durch ständige Lasten, Verkehrslasten,

Wärmewirkungen und der Zusatzkräfte durch Winddruck, Bremskräfte u. a. wird auf die übliche Weise in der Rechnung berücksichtigt. Dabei sind die Verkehrslasten die an den Kran oder die Brücke angreifenden Kräfte, die ihre Größe und ihren Angriffspunkt im regelmäßigen Betrieb ändern. Hierzu gehören auch die Massenkräfte, d. h. die beim Bewegen der Last auftretenden Beschleunigungs- und Verzögerungskräfte.

Bild 12. Verladebrücke in geschweißter Kastenträger-Bauweise (Demag-Nachr., Heft 142/1956, S. 10, Bild 28)

1242 Kranfahrwerk

Die Fahrwerkslagerung von Verladebrücken und Torkranen ist im allgemeinen statisch unbestimmt, wenn man nicht, wie in neuerer Zeit, statt des Vierbeinportals das Dreibeinportal bei Kranen verwendet. Um die Belastung annähernd gleichmäßig auf die einzelnen Beine zu verteilen, ist das Fahrgeleise sorgfältig zu verlegen.

Die Fahrwerkanordnung ist je nach der Spannweite der Brücken verschieden. Grundsätzlich müssen beim Fahren der Brücken die bei einseitig stehender Last verschieden großen Fahrwiderstände ausgeglichen werden. Dazu wird bei Brücken kleinerer bis mittlerer Spannweite der Motor auf Brückenmitte aufgestellt. Die Bewegung wird von der waagerechten Fahrwelle auf zwei senkrechte Wellen mittels Kegelgetriebes übertragen. Die verschieden großen Fahrwiderstände werden dann durch die waagerechte Fahrwelle ausgeglichen.

Brücken mit größerer Spannweite zeigen verschiedene Fahrwerksanordnungen. Jede Brückenstütze kann für sich durch einen oder zwei Motoren angetrieben werden. Werden die Motoren miteinander durch eine waagerechte Welle verbunden, dann übernimmt diese den Ausgleich der verschieden großen Fahrwiderstände. Diese Ausführung wird infolge der größeren Zahl der Lager und Getriebe verwickelt und ergibt großen Gesamtwiderstand bei Entlastung der Eisenkonstruktion.

Einfacher wird der getrennte Antrieb beider Fahrwerksseiten durch je einen Motor. Die beiden Motoren werden dann durch eine elektrische Welle gekuppelt. Diese ermöglicht genauen Gleichlauf auch bei großen Lastunterschieden und voller Geschwindigkeit.

Bei Antrieb jeder Stütze durch einen besonderen Motor ohne Verbindung durch eine waagerechte oder elektrische Welle wird die Anordnung bei geringem Gesamtwiderstand einfach. Die Stahlkonstruktion muß jedoch ein großes Biegemoment aufnehmen, das aus der halben Differenz der Summe der Einzelwiderstände mal der Spannweite besteht. Dieser Nachteil kann durch gelenkig angeordnete Stützen ausgeglichen werden, die, je nach Bauart, eine bestimmte größte Schrägstellung der Stützen von ungefähr 15 ° bis äußerst 30 ° zulassen. Überschreitet die Schrägstellung des gelenkig aufgelegten fahrbaren Trägers diesen Winkel, dann wird durch einen Grenzschalter der betreffende Motor ausgeschaltet, so daß die voreilende Stütze nur mehr nach rückwärts und die nacheilende nur nach vorwärts geschaltet werden kann. Beide Motoren zusammen können nur dann eingeschaltet werden, wenn beide Stützen gleichstehen.

Das Kranfahrwerk erhält bei größeren Brücken bis zu 16 Laufräder. Reicht diese Zahl nicht aus, d. h. wird der Raddruck auch dann noch zu groß, dann werden die fahrbaren Brücken zweischienig ausgeführt, also die Laufräderzahl verdoppelt. Maßgebend für die Berechnung ist der größte Raddruck für ungünstigste Laststellung zuzüglich 50 kg/m^2 Winddruck (DIN 210) bei in Betrieb befindlicher Brücke.

1243 Sicherheitseinrichtungen

Besonderes Augenmerk wird auf zuverlässige Sicherung der Verladebrücken gegen Abtreiben durch Wind gelegt. Sofern das Gewicht der Brücke genügend groß ist, besteht der sicherste Schutz im Antrieb sämtlicher Laufräder und in der Anordnung einer besonderen Haltebremse. Diese Haltebremse ist so bemessen, daß sie die Räder blockiert und bis zum Gleiten auf der Schiene festhält.

Die Fahrbewegung wird bis zum Stillstand durch die Manövrierbremse weich abgebremst, erst dann fällt die Haltebremse ein. Andere Anordnungen von kombinierter Manövrier- und Haltebremse, z. B. die MAN-Fahrwerksbremse, arbeiten in zwei Stufen. Auf der ersten Stufe wird die Brücke weich abgebremst und auf der zweiten gegen Wind festgehalten. Die von der DEMAG entwickelte Sturmsicherung für Verladebrücken arbeitet mit je einem Zangenwagen an jeder Stütze. Beim Abschalten des Stromes legen sich die Zangen einige Sekunden nach Stillstand der Brücke über die Schienen ohne festzuklemmen. Nur wenn bei aufkommendem Sturm die Fahrwerksbremsen nicht mehr genügen und die Brücke von selbst in Bewegung gerät, klemmen sich die Zangen fest und bringen die Brücke zum Stillstand. Ist die Brücke außer Betrieb, so empfiehlt sich noch eine besondere Bolzenverriegelung, die den Brückenfuß mit einer längs der Fahrbahn angeordneten Schiene verbindet.

Ist die Brücke außer Betrieb, so wird der Kranausleger in die Richtung gebracht, in welcher er das geringste Kippmoment, bezogen auf sein Fahrwerk, aufweist — d. h. also parallel zu den Fahrschienen — und dann festgelegt.

1244 Allgemeines

Die übrigen Baugruppen der Drehkräne und Verladebrücken, das Drehwerk, Einziehwerk u. a. werden, ähnlich wie bei anderen Hebezeugen üblich, ausgebildet.

Allgemein hat sich der elektrische Strom zum Hebezeug-Antrieb durchgesetzt. Die anderen Antriebsarten bleiben auf vereinzelte Sonderfälle beschränkt. Drehwerk, Wippwerk, Greiferwindwerk, Kran- oder Torfahrwerk können sowohl mit Gleichstrom als auch mit Drehstrom über die entsprechenden Schaltungen angetrieben werden.

Bei der Wahl der elektrischen Ausrüstung wird besonderer Wert auf die übersichtliche Anordnung aller Steuergeräte und auf die leichte Steuerfähigkeit der Verladeanlage gelegt, da die Umschlagleistung in hohem Grade von der Geschicklichkeit und körperlichen Beanspruchung des Kranführers abhängt.

125 Lastaufnahmemittel

1251 Allgemeines

Als Lastaufnahmemittel für den Umschlag von Schüttgütern werden vorwiegend Greifer oder Greiferkübel verwendet. Das sind Fördergefäße, die an der Beladestelle auf das Schüttgut aufgesetzt werden, durch ihr Eigengewicht eindringen, es fassen, aufnehmen und über der Abgabestelle wieder entleeren können. Nach der Art, wie das Schließen und Öffnen der Schaufeln durchgeführt wird, unterscheidet man

1. Mehrseilgreifer, bei denen zwei voneinander abhängige Seile oder Seilpaare (Vierseilgreifer) die Schaufeln bewegen. Diese Greifer erfordern eine besondere Greiferwinde mit zwei Trommeln;

2. Einseilgreifer, bei denen ein einziges Seil oder Seilpaar im Verein mit Hilfseinrichtungen die Greiferbewegung durchführt;
3. Motorgreifer, bei denen der motorische Antrieb zum Schließen und Öffnen in den Greifer selbst hineingelegt ist.

Art und Beschaffenheit des zu verladenden Gutes spielen für die Wahl des richtigen Greifers eine wichtige Rolle. Es besteht hier ein gewisses Abhängigkeitsverhältnis zwischen Greifergewicht, Schüttgewicht und der Stückigkeit des zu verladenden Gutes. Die Normung teilt daher die am meisten gebräuchlichen Zweischalengreifer in die vier Gruppen: Kohlengreifer, Kiesgreifer, leichte und schwere Erzgreifer ein (DIN 69 200, 69 201). Diese Gruppen entsprechen Schüttgewichten von 0,35 bis 1,2, weiter bis 2,0, 2,6 bis 3,8 t/cbm.

Als Kohlengreifer werden sie in 14 Ausführungen mit Greiferinhalt von 0,8 bis 12,5 cbm gebaut. Diesen entsprechen Tragfähigkeiten des Kranes von 2000 bis 20 000 kg.

Als mittlere und schwere Erzgreifer werden sie in 7 bzw. 5 Ausführungen gebaut mit Greiferinhalten von 0,6 bis 3,4 cbm bzw. 1,25 bis 3,4 cbm.

Bei den Erzgreifern wird der rechnerische Inhalt des Greifers durch den Wasserinhalt bestimmt, bei den Kohlegreifern durch den Wasserinhalt zuzüglich des Inhalts eines Raumes, dessen Querschnitt durch ein auf dem Wasserspiel aufgesetztes gleichschenkliges Dreieck mit 30° Winkel gedacht ist.

Die normalen Greifer eignen sich am besten für die Arbeit aus dem Vollen. Dabei kann mit Füllungsgraden von 90 bis 100% gerechnet werden. Wird aus Eisenbahnwagen entladen, dann füllt sich der Greifer nur bei den ersten Arbeitsspielen vollständig, so daß man bei Kohle im Durchschnitt nur mit etwa 60% Füllung (Feinkohle mehr, grobstückiger Koks weniger) rechnen kann. Unter Abschätzung des Füllungsgrades kann man aus der geförderten Leistung und der Spielzahl den Greiferinhalt und damit die Tragkraft des Kranes bestimmen.

Bei Entladung von Eisenbahnwagen oder Behältern muß die Lage des Kranes zum Gleis beachtet werden, da der Greifer immer in Längsrichtung des Wagens geöffnet werden muß. Es ergeben sich damit Ausführungsmöglichkeiten der Greifer als Quergreifer oder als Längsgreifer.

Bei der Auswahl der Greifer hat man sich dem zur Verfügung stehenden Kran anzupassen. Besitzt das Hebezeug eine Greiferwinde, d. h. ist die Winde mit einer Schließ- und mit einer Haltetrommel ausgerüstet, was in der Mehrzahl der Fälle beim Umschlag von Massengütern der Fall ist, dann kann der verhältnismäßig einfache Mehrseilgreifer angewendet werden. Besitzt das Windwerk nur eine Trommel, dann werden Spezialkonstruktionen notwendig.

1252 Mehrseilgreifer

Der Arbeitsvorgang beim Mehrseilgreifer während eines Greiferspiels ist folgender (Bild 13):

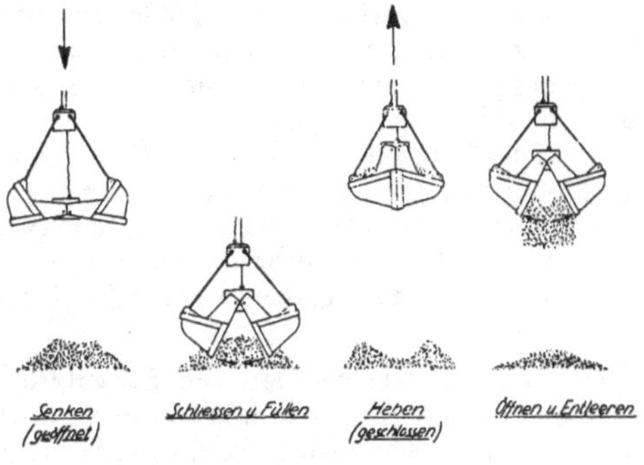

Bild 13. Arbeitsvorgang während eines Greiferspiels

Der Greifer, bestehend aus zwei, in Sonderausführung mehreren Schaufeln, die an einer gemeinsamen Traverse angelenkt sind, hängt am Entleerseil, wird geöffnet auf das Fördergut aufgesetzt und gräbt sich durch sein Eigengewicht in das Fördergut etwas ein. Hub- und Schließseil werden angezogen; dadurch geht die Traverse nach oben. Die Schaufeln schließen sich und nehmen bei dieser Bewegung das Fördergut auf.

Der Greifer wird durch das Schließseil geschlossen gehoben, während das Entleerseil aufgewickelt wird. Beim Entleeren des Greifers wird das Schließseil nachgelassen, der Greifer hängt am Entleerseil. Die Traverse bewegt sich unter dem Einfluß des Eigengewichts nach unten, die Schaufeln öffnen sich, der Greifer entleert.

1253 Einseilgreifer

Stückgutkrane, die im Gegensatz zu Greiferkranen nur Windwerke mit einer Trommel besitzen, können durch Einhängen eines Einseilgreifers auf Greiferbetrieb umgestellt werden.

Bei den Einseilgreifern fehlt das Halteseil, das bei den Mehrseilgreifern den Greiferkopf beim Öffnen und Entleeren des Greifers festhält. Infolgedessen haben die Einseilgreifer zwar den Vorteil, daß sie in jede Stückgutwinde eingehängt werden können, sie können jedoch nur durch besondere Hilfsmittel geöffnet und entleert werden, so daß die Einseilgreifer in ihrem Aufbau verwickelter werden. Die Einseilgreifer sind in den verschiedensten Ausführungsformen anzutreffen. Je nach den vorliegenden örtlichen und Betriebsverhältnissen werden sie zum Einhängen in Kranhaken gebaut oder zum Einscheeren in die Kranseile.

Geöffnet und entleert werden die Einseilgreifer entweder durch Auslösen einer Klinkenkupplung mittels Abzugsseil (Bild 14), was in jeder beliebigen Höhenlage geschehen kann, oder durch eine besondere Entleerungsglocke, in die der Greiferkopf hineingezogen wird, und die nur auf eine bestimmte Höhe eingestellt werden kann.

Wieder andere Greiferkonstruktionen werden durch Aufsetzen auf die Entladestelle geöffnet bzw. entleert.

Bild 14. Greifer mit Auslösung durch Klinkengesperre (Demag-Nachr., Heft 140, S. 31, Bild 4)

Die Umschlagleistung der Einseilgreifer ist geringer als die der Mehrseilgreifer, da die einzelnen Arbeitsgänge sich gegenseitig nicht so günstig überlagern lassen, wie bei Mehrseilgreifern, und ein flottes Arbeiten nur dann möglich ist, wenn längere Zeit hindurch aus derselben Höhe entleert wird.

1254 Motorgreifer

Eine weitere Möglichkeit, einen Stückgutkran schnell auf Greiferbetrieb umzustellen, ist durch den Motorgreifer gegeben. Er läßt sich an jedes Hebezeug mit einfachem Hakenwindwerk anhängen. Mittels einer Steckvorrichtung wird er mit dem vom Kran kommenden Stromzuführungskabel verbunden. Der Greifer trägt seinen Antriebsmechanismus für das Öffnen und Schließen der Greiferschalen in sich in Form einer im Greifer eingebauten mechanischen oder elektrohydraulischen Winde. Der Zweischalenmotorgreifer ist vorwiegend zum Umschlag von leichten Gütern geeignet. Er wird mit Greiferinhalten von 1 bis etwa 3 m^3 hergestellt. Die Spieldauer des Schließens beträgt etwa 17 bis 18 Sekunden, die des Öffnens 7 bis 8 Sekunden, je nach der Größe des Greifers. Der Motorpolypgreifer beruht auf gleichem Prinzip; er hat sich im Hüttenbetrieb, beim Schrott-, Schlacken- und Kokstransport bewährt.

1255 Konstruktion

Grundsätzlich müssen gute Greiferkonstruktionen folgende Bedingungen erfüllen: Um auch vom Hang mit genügender Standsicherheit zu greifen, muß ihr Schwerpunkt möglichst niedrig liegen. Vorspringende Ecken und Kanten sind nach Möglichkeit zu vermeiden, damit, was besonders bei Schiffen wichtig ist, der Greifer nicht hängenbleiben und Beschädigungen verursachen kann. Die Seile dürfen zu ihrer Schonung nach Möglichkeit nicht mit dem Fördergut in Berührung kommen, die Seilrollen sollen genügend großen Durchmesser haben, um die Biegebeanspruchung der Seile in erträglichen Grenzen zu halten und dadurch ihre Lebensdauer zu verlängern. Die Greiferstangen müssen genügend kräftig sein, um die unvermeidlichen Stöße im Greiferbetrieb aufnehmen zu können. Die Greiferschneiden sind so auszubilden, daß sie in Schiffen, Behältern und Eisenbahnwagen die Böden beim Aufnehmen des Gutes möglichst schonen. Schließlich müssen

— entsprechend dem rauhen Betrieb — alle Lagerstellen und Gelenke reichlich und kräftig ausgeführt sein. Große Greifweite, günstigste Grabkurve sind anzustreben.

1256 Mehrschalengreifer

Für schwer greifbares Umschlaggut haben sich Mehrschalengreifer eingeführt.

Bild 15. Polypgreifer (Demag 1953, Dia 7332)

Beim Polypgreifer der DEMAG (Bild 15) sind beispielsweise 6 stark gebogene schaufelartige Arme im Kreis angeordnet, die mit ihren Spitzen in das Fördergut eindringen und auch bei sperrigen Materialien eine gute Füllung bewirken. Je nach Art des Umschlaggutes wird für Schrott, Roheisenmasseln oder grobes Gestein die offene Bauart angewendet, während die geschlossene Bauart für Kalkstein, Koks, Erz o. a. das Fördergut ohne Füllverluste aufnimmt und befördert. Dadurch, daß sich die untere Flasche gegenüber der oberen Traverse beim Fassen von unregelmäßigen Stücken schräg einstellen kann, ergibt sich bei wenig Gelenken größte Beweglichkeit und Beherrschung des Kraftflusses. Auch die Mehrschalengreifer werden mit Tragkräften bis zu 1500 kg als Mehrseil- und als Einseilgreifer gebaut.

1257 Magnete

Flachmagnete werden zum Verladen von Schrott, Roheisen und dergl. in verschiedenen Ausführungen verwendet, mit festen Polen zum Verladen von Blöcken, Knüppeln oder ähnlichem Material, mit beweglichen Polen für ungeordnet liegendes, ungleich hohes Material. Die beweglichen Pole gleichen Höhendifferenzen im Material und in der Lagerung aus, so daß das Material stets über die ganze Polbreite gefaßt werden kann.

Besonders vorteilhaft sind die Magnete im Blechwalzwerk für den Transport schwerer, langer Eisenbleche. Natürlich lassen sich auch lange, dünne Bleche damit verladen.

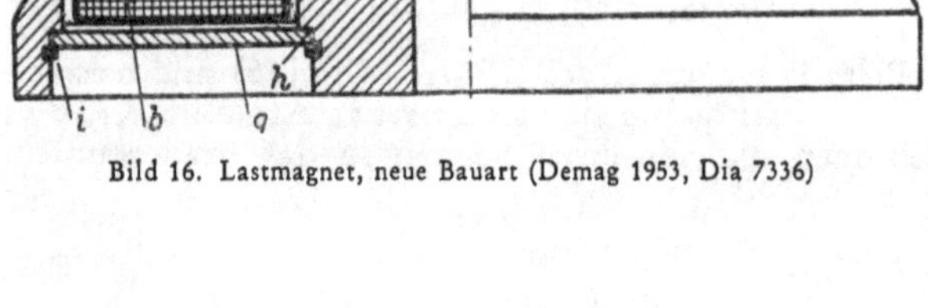

Bild 16. Lastmagnet, neue Bauart (Demag 1953, Dia 7336)

Im allgemeinen werden die Last-Hebemagnete mit rundem Gehäuse und Durchmesser von 700 bis 1900 mm ausgerüstet (Bild 16), rechteckige Magnete in Längen von etwa 500 bis 1800 mm.

Das Gehäuse aus Dynamostahlguß enthält die Spulen, für die im allgemeinen Aluminiumdraht bevorzugt wird, der zwar einen um etwa 30 % höheren Stromverbrauch bedingt als Kupfer, dafür aber das Gewicht des Magneten um etwa 14 bis 20 % herabsetzt.

Die Magnete werden mit Gleichstrom von 110 bis 600 V betrieben. Bei Drehstromkranen sind daher Umformer zur Erzeugung des Gleichstroms vorzusehen.

Die Tragkraft der Last-Hebemagnete ist in hohem Maße von der Art des Fördergutes, seiner Oberflächenbeschaffenheit, seiner chemischen Zusammensetzung und der Temperatur abhängig. Die Tragkraft ist am größten für massive Blöcke, auf denen das Gehäuse satt aufliegt. Die nutzbare Tragkraft wird mit etwa 1/2 der Abreißkraft angenommen, d. h. der Kraft, bei der die Last gerade noch gehalten wird.

Das Eigengewicht des Magneten beträgt bei Aluminiumwicklung etwa 12 bis 16 % der nutzbaren Tragkraft für massive Einzelblöcke, die Stromaufnahme in kaltem Zustand etwa 0,26 bis 0,7 kW je t nutzbarer Tragkraft. Die übliche Tragkraft für massive Einzelblöcke beträgt 2—25 t, äußerst 35 t.

Die Hubkraft in kg geht auf 4—6,5 % für Masseln, 4—5 % für Späne, 4—5 % für Gußeisen und Kernschrott, 2—3 % für kurzstückiges Schmiedeeisen zurück. Durch den in der Spule fließenden Strom wird ein konstantes Feld erzeugt, dessen in sich geschlossene Kraftlinien die Spule ringförmig umgeben. Da die Kraftwirkung (Hubkraft) eines Magneten dem magnetischen Widerstand umgekehrt proportional ist, liegt die Hubkraft beim Heben von Spänen, Schrott, kurzstückigem Schmiedeeisen usw., die infolge ihrer Form und der durch sie bedingten Auflageflächen (große Luftspalte) einen relativ hohen magnetischen Widerstand aufweisen, wesentlich niedriger als beim Hub von massiven Einzelblöcken, welche auf Grund ihrer satten Auflageflächen (geringen magnetischen Widerstand) einen starken magnetischen Fluß aufnehmen können.

$$\left(\begin{array}{l}\text{Kraftwirkung}\\ \text{des Magneten}\end{array} = \text{const.} \times \frac{\text{magnetische Flußdichte}}{\text{magnetischer Widerstand}}\right).$$

Die unmagnetische Grundplatte verhindert lediglich nach Abschalten des Stromes das Festhaften des Fördergutes infolge des in den Eisenteilen des Hubmagneten vorhandenen Magnetismus.

Ein zufriedenstellender Dauerbetrieb ist nur bei ausreichender Kühlung der Magnete möglich. Mit Rücksicht auf den rauhen Betrieb und die Möglichkeit des Eindringens von Staub, Sand, Feuchtigkeit ist das Gehäuse durch sorgfältige Abdeckung der Grundplatte zu schützen.

126 Greiferwindwerke

1261 Eintrommel-Stückgutwinde

Die Eintrommel-Stückgutwinde (Bild 17) ist eine Kranwinde für Hakenbetrieb. Sie wird als geschlossene moto-

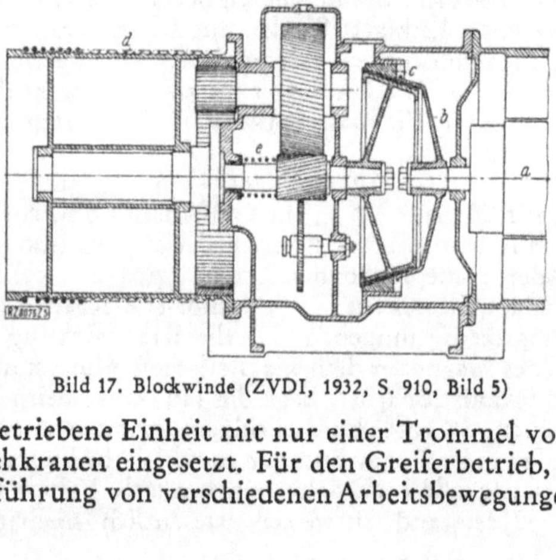

Bild 17. Blockwinde (ZVDI, 1932, S. 910, Bild 5)

risch betriebene Einheit mit nur einer Trommel vor allem an Drehkranen eingesetzt. Für den Greiferbetrieb, der die Durchführung von verschiedenen Arbeitsbewegungen voraussetzt, kann sie durch Einhängen eines Einseilgreifers brauchbar gemacht werden. Größere Umschlagleistungen lassen sich jedoch mit diesem Einseilgreifer nicht erzielen.

1262 Greiferwinde

Größere Umschlagleistungen bei flottem Betrieb werden durch die Zwei- oder Mehrseilgreifer ermöglicht, die die Verwendung von Greiferwinden (Bild 18) voraus-

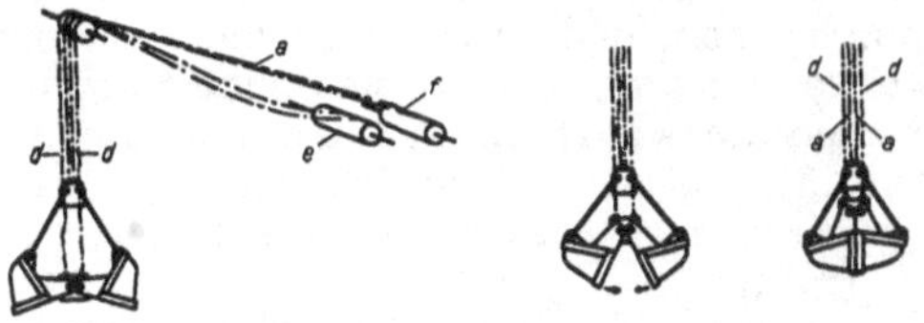

Bild 18. Wirkungsweise eines Zweiseilgreifers (Demag-Nachr., Heft 4, 1928, S. 83, Abb. 5)

setzen. Die Greiferwinde besitzt zur Ausführung der verschiedenen Greiferbewegungen getrennte Schließ- (d) und Halteseile (a) und damit auch zwei Trommeln, die Schließtrommel (e) sowie die Haltetrommel (f).

Die Schließtrommel (e) übernimmt zugleich die Hubbewegung, während die Haltetrommel (f) das Entleeren bewirkt. Beim Greifen dreht sich die Schließtrommel im Sinne des Hubes, während die Haltetrommel stillsteht. Die Last liegt auf dem Schließseil, während das Halteseil vollkommen oder nahezu entlastet ist. Beim Heben des geschlossenen Greifers drehen sich Schließ- und Haltetrommel im gleichen Sinne und mit gleicher Umfangsgeschwindigkeit. Die Last verteilt sich annähernd gleichmäßig auf beide Seiten. Beim Senken des geschlossenen Greifers drehen sich wiederum beide Trommeln gleichsinnig bei annähernd gleicher Verteilung der Last auf beide Seiten.

Beim Öffnen des Greifers wird die Schließtrommel im Sinne des Sinkens gedreht, während die Haltetrommel stillsteht. Die Last verlagert sich während des Öffnungsvorganges auf die Halteseile, bis bei ganz geöffnetem Greifer die Last vollständig auf dem Halteseil liegt und die Schließseile vollständig entlastet sind.

Die Gewichtsverteilung ist also bei den verschiedenen Arbeitsgängen sehr unterschiedlich und für die Ausbildung des Windwerkes von Bedeutung.

Die Steuerung der Trommelbewegungen ist auf verschiedene Art möglich.

Grundsätzlich haben sich für Greiferwinden drei Bauarten durchgesetzt, und zwar das Einmotorenwindwerk, das Zweimotorenwindwerk mit und ohne Kupplung und das Zweimotorenwindwerk mit Umlaufgetriebe. Diese Bauarten unterscheiden sich natürlich je nach den einzelnen Herstellern in verschiedenen Einzelheiten.

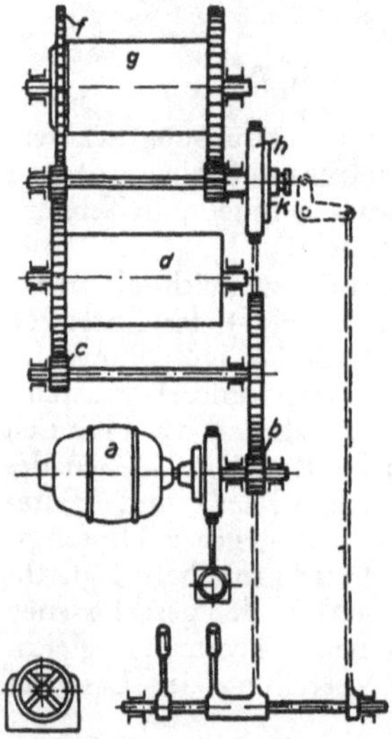

Bild 19. Greiferwindwerk mit Rutschkupplung und starrer Kupplung (Demag-Nachr., Heft 4, 1928, S. 85, Abb. 10)

12621 Einmotorenwinde

Die normale Einmotorenwinde (Bild 19) arbeitet mit Rücksicht auf die größere Betriebssicherheit und, um ein Drehen des Greifers im Betrieb beim Heben und Senken zu vermeiden, mit zwei Schließ- und zwei Halteseilen. Diese Seile greifen an Trommeln an, die mit Rechts- und Linksgewinde ausgerüstet sind.

Die Arbeitsweise der Einmotorenwinde ist folgende:

Beim Greifen (Füllen) ist die Entleerbremse (h) gelüftet und die Kupplung (k) ausgerückt. Der Motor (a) läuft im Sinne des Hebens und treibt die Schließtrommel (d) an. Die Haltetrommel (g) steht still bzw. wird durch den Reibschluß des Zahnrades (f) mitgenommen, so daß sich bei schwach gespannten Halteseilen der Greifer beim Schließen gut eingraben kann.

Ist der Greifer geschlossen, dann geht die Schließbewegung unmittelbar in die Hubbewegung über. Die Last liegt jetzt fast ausschließlich auf den Halteseilen.

Zum Entleeren (Öffnen) des Greifers wird bei angezogener Entleerbremse (h) die Kupplung (k) ausgerückt. Der Motor (a) treibt die Schließtrommel (d) an. Das Zahnrad (f), das durch Federkraft an die Haltetrommel (g) gedrückt wird, läuft unter Überwindung der Reibung mit. Die Haltetrommel (g) steht still. Der geöffnete Greifer kann bei entlüfteter Entleerbremse (h) und eingerückter Kupplung (k) gehoben oder gesenkt werden.

Die Einmotorenwinde kommt heute nur noch für geringe Spielzahlen bei Tragkräften von höchstens 5 t (im Durchschnitt 3 t) in Betracht und in den Fällen, in denen auf den Preis des Aggregates geachtet werden muß. Bei angestrengtem Betrieb und bei größeren bis zu den größten Tragkräften, also für große Umschlagleistungen, werden heute fast ausschließlich Zweimotorenwinden angewendet.

12 622 Zweimotoren-Greiferwinde mit und ohne Kupplung

Bei dieser Greiferwinde (Bild 20) werden Schließtrommel (d) und Haltetrommel (g) durch je einen Motor angetrieben, so daß die Steuerung der Relativbewegung der beiden Trommeln auf rein elektrischem Wege durchgeführt werden kann. Die Motoren sind beim Heben und Senken verschieden belastet. In anderer Ausfüh-

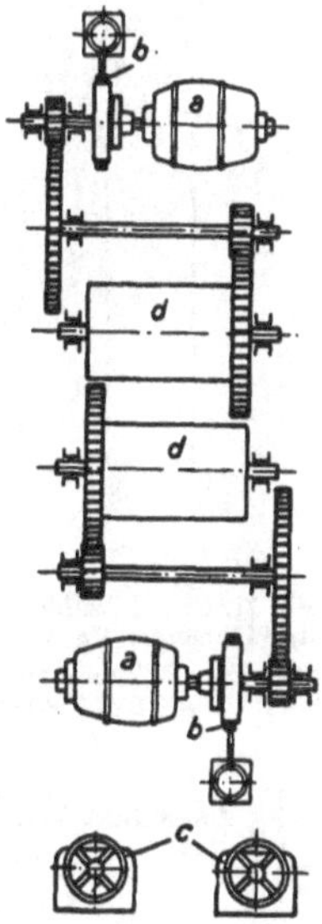

Bild 20. Zweimotorenwindwerk (Demag-Nachr., Heft 4, 1928, S. 86, Abb. 13)

rung wird durch eine mechanische Kupplung zeitweilig eine starre Verbindung beider Einheiten hergestellt, die ohne diese Kupplung lediglich durch elektrische Aussteuerung erreicht werden kann.

12623 Zweimotorenwinde mit Umlaufgetriebe

Bei diesem Greiferwindwerk (Bild 21) wirkt das Differential des Planetengetriebes als starre, mechanische Kupp-

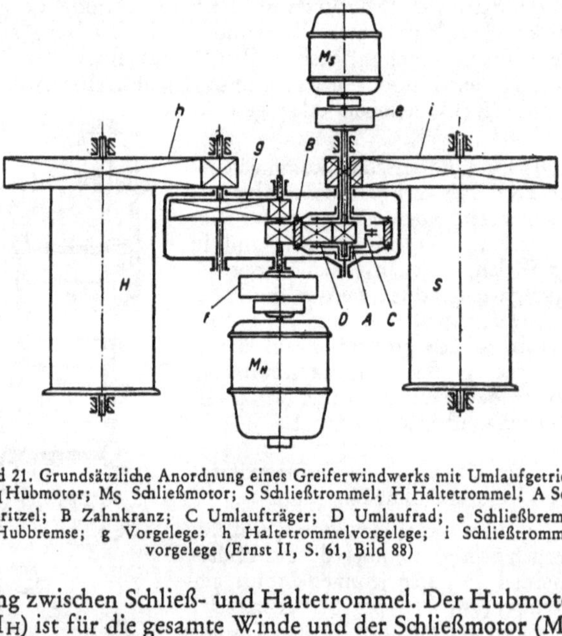

Bild 21. Grundsätzliche Anordnung eines Greiferwindwerks mit Umlaufgetriebe M_H Hubmotor; M_S Schließmotor; S Schließtrommel; H Haltetrommel; A Sonnenritzel; B Zahnkranz; C Umlaufträger; D Umlaufrad; e Schließbremse; f Hubbremse; g Vorgelege; h Haltetrommelvorgelege; i Schließtrommelvorgelege (Ernst II, S. 61, Bild 88)

lung zwischen Schließ- und Haltetrommel. Der Hubmotor (M_H) ist für die gesamte Winde und der Schließmotor (M_S) für etwa die halbe Hubleistung bemessen. Die Arbeitsweise ist folgende:

Der Hubmotor (M_H) treibt über die Stirnrad-Vorgelege (g und h) die Haltetrommel (H) und gleichzeitig über das im Kasten untergebrachte Planetengetriebe die Schließtrommel (S) an. Der Schließmotor (M_S) kann dagegen über das Planetengetriebe nur die Schließtrommel (S) antreiben. Beide Trommeln sind durch das Planetengetriebe ständig miteinander verbunden. Trotzdem ist die Schließbewegung vollständig unabhängig von der Hubbewegung, da die beiden Motoren wegen der Kupplung durch das Planetengetriebe auch gleichzeitig laufen können.

Wird die Schließtrommel (S) allein durch den Schließmotor (M_S) im Sinne von Heben und Senken angetrieben, so schließt oder öffnet sich der Greifer, da die obere Greifertraverse von dem stillstehenden Halteseil festgehalten wird. Werden aber die beiden Trommeln durch den Hubmotor angetrieben, so hebt und senkt sich der Greifer, ohne sich zu öffnen oder zu schließen. Die beiden Motoren können so gesteuert werden, daß der Greifer sich während des Hebens oder Senkens öffnet und schließt.

Zur Steuerung der Motoren und Bremsen können die einfachsten elektrischen Kranschaltungen verwendet werden. Dadurch, daß die einzelnen Greiferbewegungen gleichzeitig durchgeführt werden können, wird die für ein Kranspiel nötige Zeit wesentlich verringert und die Leistungsfähigkeit gegenüber Kranen mit Einmotorenwerken gesteigert. Enge Öffnungen, wie Schiffsluken, können ohne Zeitverlust durchfahren werden, weil der Greifer während der Bewegung vollständig geöffnet oder geschlossen werden kann. Außerdem kann der Kranführer, wenn aus Eisenbahnwagen oder Schiffsluken gegriffen werden muß, die Greiferschneide nahezu waagerecht bewegen, so daß Wagen oder Schiff ohne Beschädigung der Böden sauber entleert werden können.

13 Hochofen-Begichtungsanlagen

131 Allgemeine Übersicht

Entscheidend für den Betrieb einer Hochofenanlage ist der Koksverbrauch, der für die t Rohkohle benötigt wird. Der Koks regelt die Verbrennungs- und Reduktionsvorgänge im Hochofen. An seine Eigenschaften werden bestimmte Anforderungen chemischer und physikalischer Natur gestellt, wobei beide gleichwertig sind. Sturzfestigkeit und Abriebfestigkeit, gleichmäßige Stückgröße und gute Reaktionsfähigkeit sind die Hauptkennzeichen eines guten Hochofen-Kokses.

Der freie Querschnitt in Hochöfen, durch den das Gas hindurchdringen kann, beträgt etwa 10 % des Gesamt-Querschnittes. Wegen des geringeren Schüttgewichtes des Kokses gegenüber dem Möller ermöglicht der Koks auch eine größere Gasdurchlässigkeit der Beschickung. Die Bedeutung der Koksgröße für die Auflockerung der Gasdurchlässigkeit der Beschickung geht aus folgender Überlegung hervor: Es wird angenommen, daß für die t Roheisen etwa 2,5 t Möller und etwa 1 t Koks erforderlich sind. Das Schüttgewicht des Möllers ist durchschnittlich 2 t/m³, das des Kokses etwa 0,45 t/m³. Volumenmäßig gerechnet, ergeben sich nun für 1 t Roheisen 1,25 m³ Möller und 2,2 m³ Koks, d. h. der Koks nimmt von der Beschickung

$$\frac{2,2}{1,25 + 2,2} = 2/3 = 64\,\%$$

des Volumens ein. Wird der Koks in zu kleinen Stücken gesetzt und außerdem noch Feinerz aufgegeben, so wird die Materialsäule im Ofen so dicht, daß der Ofen zum Hängen neigt. Der Koks, der in den Hochofen kommt, soll daher nach Möglichkeit 40 ... 120 mm Korngröße haben, jedoch können auch 10 ... 20 mm und 20 ... 40 mm Korngröße in getrennten Gichten gesetzt werden. Der gleichstückige, in seiner Stückgröße dem Erz angepaßte und vom Grus befreite Koks soll bei den verschiedenen Umlagerungen (Verladen, Umladen und Einfüllen) während des Transportes auf dem Wege zum Hochofen möglichst unversehrt bleiben und nach Möglichkeit ohne weiteren Zerfall in den Hochofen kommen. Bei jedem Durchgang durch Bunker, bei jedem Sturz von Koks entsteht Abrieb, der wie folgt angegeben wird:

1. Durchgang durch den Bunker:
   harter Koks 2–3 %, mittlerer Koks 3,5 %, weicher Koks 5–10 %;
2. Für jeden Sturz
   ½–1 %.

Guthmann gibt folgende Zahlen an:

Entfall von Feinkoks unter 20 mm in der Kokerei	5 –12 %.
Außerdem auf dem Wege zum Hochofen Gicht	
bei einmaliger Umladung . . .	1,5– 2 %
bei hohen Stürzen	3 – 5 %
bei Lagerkoks	– 5 %
bei Förderung aus dem Schiff über Greifer und Selbstenladewagen zum Bunker	5 – 7 %.

Die Forderung, den Koks während des Transportes schonend zu behandeln, beeinflußt maßgebend die Wahl der Transportanlage, die darüber hinaus natürlich noch anpassungsfähig an die u. U. wechselnden Betriebsbedingungen sein muß.

Bei Transport des Kokses mit Trichterkübeln wird der Koks an der Kokerei abgesiebt und in den Trichterkübel verladen. Der bei der Absiebung anfallende Kleinkoks unter 40 mm wird nochmals abgesiebt und klassiert. Hierbei entstehen etwa 2,7 % Koksgrus unter 10 mm bzw. etwa 3,7 % unter 20 mm. Der Trichterkübel stürzt den Koks ohne weitere Umladung direkt in den Hochofen. Der Koks wird nur einmal gestürzt und gibt hierbei etwa 2 % Verlust durch Abrieb.

Bei einem Skipaufzug kommt der Koks über ein Förderband oder mit Selbstentlader in den Hochofenbunker, von da über einen Siebrost in die Fülltasche und dann in den Skip. Die Fallhöhe vom Siebrost bis zum Skip beträgt rd. 10 m. Dieser Skip bringt den Koks nach oben. Beim Entleeren fällt der Koks nun zuerst auf die Oberglocke, dann auf die Unterglocke und endlich in den Ofen. Der Koks geht also durch den Bunker und wird danach viermal gestürzt. Bei weichem bzw. splittrigem Koks beträgt der Koksabrieb hierbei 10—15 %.

Die neuzeitlichen Begichtungsanlagen nehmen auf die Forderung möglichst schonender Koksbehandlung Rücksicht und werden entsprechend ausgebildet. Der Koks wird nicht öfter als unbedingt notwendig gestürzt, und die Sturzhöhen werden so niedrig wie nur irgend möglich gehalten.

Die hauptsächlichen Begichtungsanlagen, deren Ausbildung sich natürlich der Leistung der Öfen und den örtlichen Verhältnissen anpassen muß, und die von der Lage der Erzgruben und Kokereien zum Hüttenwerk und den sich daraus ergebenden Umschlagmöglichkeiten abhängt, sind folgende:

1. Steilaufzug mit Handbeschickung,
2. Steilaufzug mit Trichterkübel,
3. Elektrohängebahn,
4. Schrägaufzug,
   a) Kipptisch oder Kippkübel,
   b) Trichterkübel.

Die drei ersten Möglichkeiten kommen wegen ihrer hohen Betriebskosten für Neubauten großer Anlagen nicht mehr in Betracht. Die weiterhin noch mögliche Bandbeschickung spielt z. Z. noch keine große Rolle.

132 Steilaufzug mit Handbeschickung

Dieser wird nur noch für kleinere Öfen bis etwa 150—200 tato angewendet.

133 Steilaufzüge mit Trichterkübeln

Diese sind da am Platze, wo mehrere kleine Öfen zusammen von einer Anlage bedient werden können. Die Gesamtleistung der Öfen beträgt dann etwa 600 bis 800 tato.

134 Elektrohängebahn

Bei der Elektrohängebahn sind zwei Ausführungen gebräuchlich. Bei der einen Ausführung ist das Hubwerk auf einer Katze mit Fahrwerk aufgestellt, auf der sich zu gleicher Zeit der Führer befindet (Führerlaufkatze). Die Katze fährt über den Aufzugschacht und die Hochöfen (Bild 22).

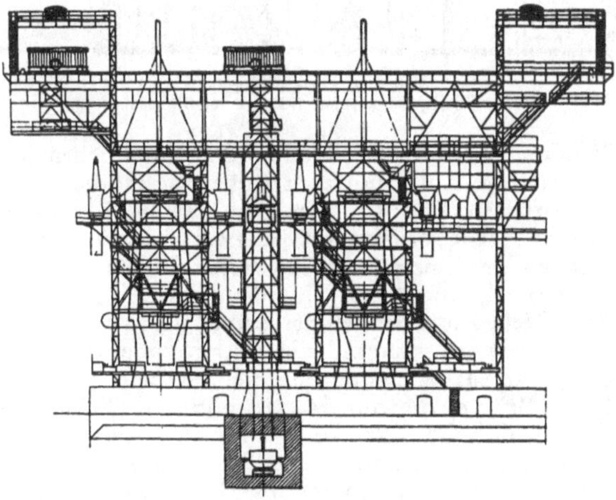

Bild 22. Schema einer Begichtungsanlage
(Demag-Nachr., Juli 1931, C. 28, Bild 41)

Bei diesen Führerlaufkatzen ist der Leonardumformer des Steilaufzuges nicht auf der Katze angeordnet. Der Umformerstrom wird durch Schleifleitungen dem Hub- und Fahrmotor zugeführt. Dabei ist jeweils nur ein Motor mit dem Netz verbunden, so daß die Motoren gegenseitig verriegelt sind und nicht zugleich arbeiten können. Die Katze kann nur in der höchsten Stellung des Kübels verfahren werden. Bei der anderen Anordnung steht die Aufzugmaschine auf der Hochbrücke zwischen den Öfen fest (Bild 23). Es ist ein Schachtgerüst vorhanden für die Führung des Förderkübels und des Gegengewichts. Die

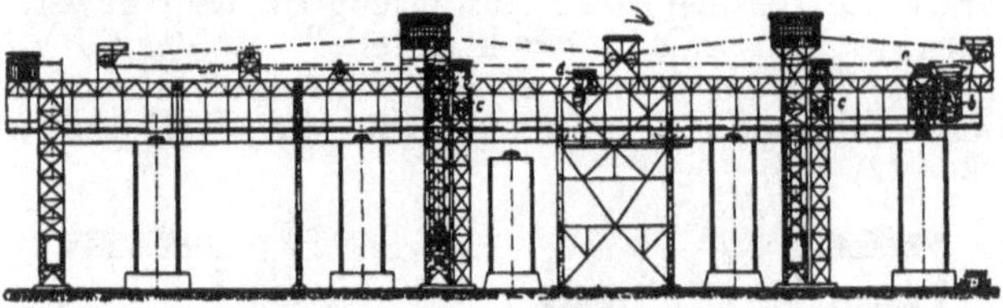

Bild 23. Schema einer Begichtungsanlage (Demag-Nachr., Juli 1931, C. 26, Bild 39)

Seillaufkatze, die von der Hauptwinde angetrieben wird, fährt mit dem Kübel horizontal über die Hochöfen.

Das ortsfeste Windwerk ist eine vereinigte Hub- und Fahrwinde. Die beiden mit je zwei Seilsträngen ausgerüsteten Trommeln des Windwerkes, die Hub- und die Fahrtrommel, arbeiten in folgender Weise:

Beim Heben und Senken der Kübel wird nur die Hubtrommel bewegt, während die Fahrtrommel durch eine Bremse festgehalten wird. Für die Katzfahrt der Kübel auf der Brücke, die nur in der höchsten Stellung der Kübel möglich ist, sind die Trommeln miteinander gekuppelt. Es zieht dann die eine Trommel ebensoviel Seil ein wie die andere Trommel abwickelt, so daß während des Fahrens weder Heben noch Senken stattfinden kann. Je nach Fahrtrichtung wird entweder das Hubseil auf- und das Fahrseil abgewickelt oder umgekehrt das Fahrseil auf- und das Hubseil abgewickelt.

135 Schrägaufzug

Schrägaufzüge kommen im allgemeinen für Öfen über 500 t Tagesleistung in Frage, bei der jeder Ofen seine getrennte Begichtung haben muß. Die Schrägaufzüge befördern das Gut von der Hüttensohle bis zur Gicht. Die Bedienungsmannschaft für die Bewegung des Wagens auf der Gichtbühne wird gespart. Die Schrägaufzüge bilden die kürzeste Verbindung zwischen den Rohstofflagern, die nicht unmittelbar am Hochofenfuß zu liegen brauchen, und dem Gichtverschluß. Durch Ausführung der Lager als Bunker mit geeigneten Verschlüssen und Verwendung von Zubringewagen zwischen Bunker und Aufgabestelle des Aufzuges wird das Zusammenstellen des Möllers wesentlich vereinfacht und beschleunigt, ferner auch die Zahl der Handarbeiter auf der Hüttensohle beträchtlich herabgesetzt (mechanisierte Möllerung).

Die Vorteile des Schrägaufzuges gegenüber dem Steilaufzug sind folgende:

Beim Steilaufzug muß die gesamte Last (Kübel, Kübelinhalt, Kübeldeckel, Seil) vertikal gehoben werden, sofern kein Ausgleich durch Gegengewicht vorhanden ist, der nur bei ortsfesten Windwerken möglich ist. Beim Schrägaufzug mit Kübel braucht nur die halbe Nutzlast gezogen zu werden, da die tote Last der Katze, Kübel und Deckel, sowie die halbe Nutzlast durch ein Gegengewicht ausgeglichen wird. Außerdem ist die Last nicht in der vertikalen, sondern auf einer schrägen Strecke zu ziehen. Die Unterschiede in der Leistung der elektrischen Ausrüstung sind daher groß. Beträgt der Kübelinhalt z. B. 18 t Erz, das Kübelgewicht 5 t, das Deckelgewicht 4,7 t und das Gewicht der Seile und Gehänge 2,5 t, dann sind beim Steilaufzug vertikal 30,2 t zu heben.

Vom Schrägaufzug sind bei 45° Neigung nur $9\,\mathrm{t} \cdot \sin 45° =$ etwa 6,3 t zu ziehen. Hinzu kommt allerdings noch die Reibung der Katze, der Seilscheiben und des Gegengewichtes mit etwa 2 t, so daß sich die Zugkraft auf etwa 8,3 t beim Schrägaufzug gegenüber 30,2 t beim Steilaufzug stellt.

Wenn auch die Hubgeschwindigkeit beim Steilaufzug etwas kleiner gewählt werden kann (bei Tragkraft von 25 t rd. 1 m/s) als beim Schrägaufzug (1,5 m/s), so sind die Motorleistungen und somit auch die elektrische Ausrüstung bei der Katzenbegichtung dreimal so groß wie beim Schrägaufzug. Ein weiterer sehr wichtiger Vorteil beim Schrägaufzug ist die größere Betriebssicherheit der Winde, bei der das Getriebe und der Antriebsmotor doppelt ausgeführt werden kann. Beim Versagen eines Getriebeteils kann sofort ohne Störung des Betriebes auf den anderen umgeschaltet werden.

Für den Verbrauch der Förderung vom Lagerplatz zur Gicht werden $\approx$ 3,00 kWh/t RE bei einer Tagesleistung von 400 t und einem Ausbringen von $\approx$40 % angegeben. Der Arbeitsverbrauch nur für Schrägaufzug und Gichtverschluß beträgt zusammen etwa 2,2 kWh/t RE.

1351 Schrägaufzüge mit Kipptisch oder Kippkübel

Schrägaufzüge mit Kipptisch für Karren werden im allgemeinen für doppeltrümmigen Betrieb eingerichtet. Hierbei sind zwei Fahrbahnen angeordnet, die entweder nebeneinander oder auch übereinander liegen können. Die auf der Schrägbrücke laufende Begichtungskatze besteht aus einem auf vier Laufrädern ruhenden Rahmen mit drehbar gelagertem Kipptisch, der auf besondere auf der Katzenbahn laufende Rollen gestützt ist. Am unteren Hubende und während der Fahrt auf der Schrägbrücke hat der Tisch eine waagerechte Lage. Die mit Ofengut gefüllten Handkarren werden über eine Möllerwaage auf den Tisch geschoben und gesichert. Beim Einfahren in die oberste Stellung werden die Führungsrollen des Tisches abgelenkt, so daß der Tisch eine geneigte Lage einnimmt und den Inhalt des Karrens in die Gichtschüssel schüttet.

Diese Schrägaufzüge mit Kipptisch werden nur für kleinere Ofenleistungen angewendet. Bei Öfen über 500 t Tagesleistung, bei denen jeder Ofen eine getrennte Begichtung haben muß, werden Schrägaufzüge für Kippkübel angewendet.

Schrägaufzüge mit Kippkübel (Skip) (Bild 24) haben im allgemeinen zwei Fahrbahnen, die entweder nebeneinander oder auch übereinander liegen können. Der Inhalt der Kippkübel beträgt normal 5—7 m^3, jedoch sind auch Kippkübel bis etwa 16 m^3 Inhalt, d. h. für eine Ladefähigkeit von 8 t Koks, ausgeführt. Die Kübel werden auf der

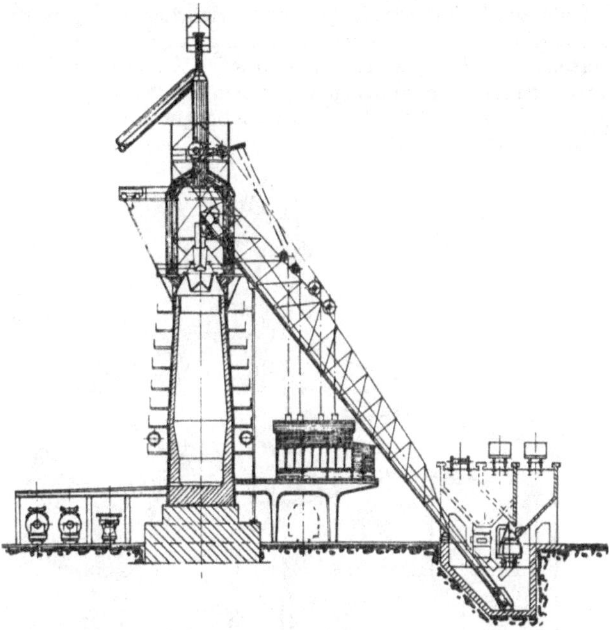

Bild 24. Hochofen mit Skip-Begichtung (neues System GHH) (GHH 1952, Dia St. Ba. Ph 87)

Hochofengicht dadurch zum Kippen gebracht, daß die hinteren Räder der Kübel zwei Spurkränze haben, von denen die inneren auf dem 3. Gleis laufen und die äußeren gegen Hubende auf die außerhalb dieser angebrachten, gleichförmig gebogenen und nach oben gehenden Schiene auffahren.

Die Kübel werden durch Zubringewagen geladen, die ihren Inhalt mit Hilfe einer Bodenklappe in den darunter stehenden Kippkübel entladen.

Um die gleichmäßige Verteilung der Beschickungsstoffe im Aufgabetrichter des Verschlusses zu gewährleisten, werden die Gichtverschlüsse bei neuzeitlichen Anlagen mit drehbarem Aufnahmetrichter (drehbarem Gichtverteiler) versehen (Bild 25), so daß sie nach jeder Kübelbeschickung um einen nach einem Schema wechselnden Winkel gedreht werden können. Hierdurch wird eine gleichmäßige Ver-

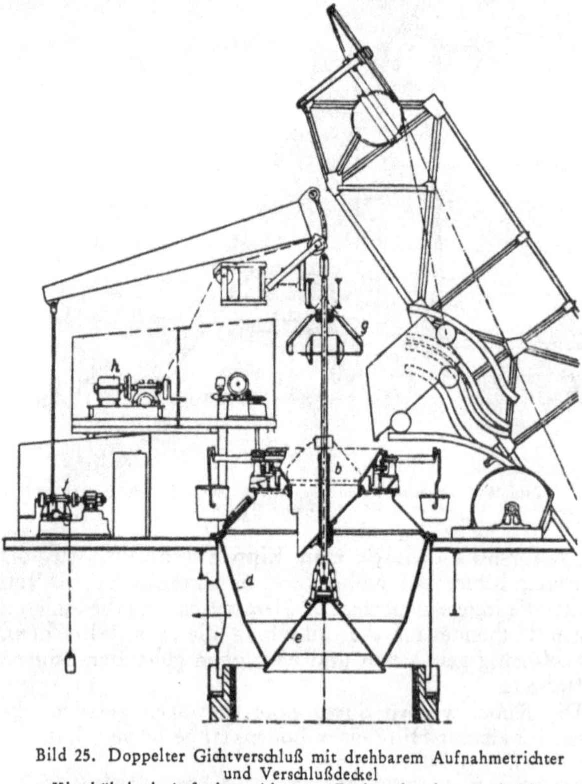

Bild 25. Doppelter Gichtverschluß mit drehbarem Aufnahmetrichter und Verschlußdeckel
a Kippkübel, b Aufnahmetrichter, c Drehwerk, d Sammeltrichter, e Gichtglocke, f Glockenwinde, g Verschlußdeckel, h Deckelwinde (Demag-Nachr., März 1931, C. 4, Abb. 8)

teilung des Gichtgutes über den Ofenquerschnitt herbeigeführt und Mängel im Ofengang, wie einseitiger Gasdurchgang, Schiefgehen u. a. vermieden.

1352 Schrägaufzüge für Trichterkübel (Bild 26)

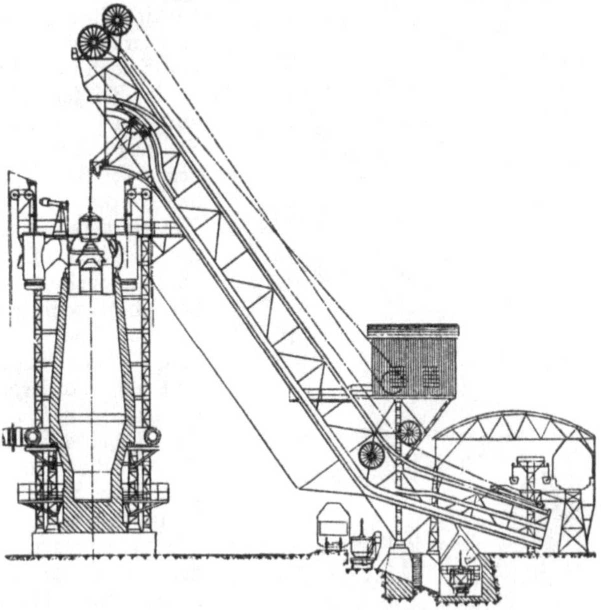

Bild 26. Doppeltrümmiger Schrägaufzug mit Trichterkübeln (Demag-Nachr., März 1931, C. 9, Abb. 19)

Die Trichterkübel dienen als Fördergefäße des Zubringewagens und als obere Aufgabetrichter des Gichtverschlusses. Sie werden auf Hüttenflur aus Fallrümpfen mit dem Möller oder dem Koks beladen und an den Haken einer auf der schrägen Aufzugbahn fahrenden Laufkatze aufgehängt, mit dieser bis über den Hochofen gehoben und dort in die Gicht geladen.

Der Rahmen der Begichtungskatze ist als zweiarmiger Hebel mit der Vorderachse als Drehpunkt ausgebildet (Bild 27). An der Hinterachse, die mit einem Gegengewicht versehen ist, greift das Seil an. An dem als Kreissegment gestalteten Vorderteil sind die Gliederketten für den Kübelfänger befestigt. Bei der Fahrt aus der untersten Stellung nach oben greift der Kübelfänger in die Öse der Tragstange ein. Nach der Einfahrt in die obere Gabelung an der Gicht wird das hintere Ende der Katze hochgezogen und ihr Vorderteil gesenkt, so daß sich der Kübel aufsetzt. Der Kübelmantel sitzt lose auf dem Parry-Trichter, der mit Tragstangen an den Kübelfänger gehängt wird. Nachdem sich der Trichterkübelmantel auf den Gichtverschluß aufgesetzt hat, kann sich der Kübel beim weiteren Herabsinken der Tragstange öffnen und seinen Inhalt in den Ofen entleeren.

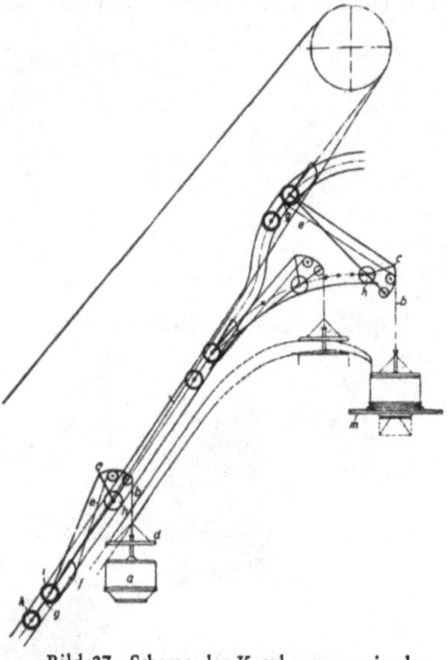

Bild 27. Schema der Katzbewegung in der Gabelung des Schrägaufzuges (Demag-Nachr., März 1931, C 7, Abb. 18)

Zur Vermeidung von Gasverlusten während der Begichtung wird der Kübel durch einen Deckel geschlossen, der mit Seilen aufgehängt ist. Zur Steuerung des Deckels führen die Seile über Leitrollen zu einem Lenker auf der hinteren Katzenachse, welche durch ein besonderes Laufrollenpaar auf der Fahrbahn oder auf einer besonderen Lenkerschiene geführt wird. Bei den einzelnen Stellungen der Katze bildet der Lenker mit dem Katzenrahmen verschieden große Winkel, durch welche die Entfernung des Deckels am oberen Kühlrand bestimmt wird. An der Aufnahmestelle hängt der Deckel so über dem Fänger, daß das Auswechseln der Trichterkübel nicht behindert wird. Während der Fahrt auf der Schrägbahn ist der Deckel so weit abgesenkt, daß er Tragstangen und Fänger verriegelt, und erst kurz vor dem Aufsetzen des Kübels schließt er stoßfrei ab. Der Gichtverschluß ist somit allereinfachster Natur und bedarf keines maschinellen Antriebs.

Zu beachten ist, daß die Trichterkübel sachgemäß gefüllt werden müssen. Werden die Kübel aus Bunkern gefüllt, die mit Segment-Verschlüssen verschlossen werden, dann kann es — besonders wenn mehrere Erzsorten geschüttet werden — vorkommen, daß die Erzschüttung in den Trichterkübel ungleichmäßig verteilt niedergeht, da das Erz aus dem Bunker je nach Erzsorte mit verschiedener Geschwindigkeit ausläuft, und der Trichterkübel bei der Schüttung mit bestimmter Geschwindigkeit gedreht wird.

Sind dagegen die Bunker mit Bandverschlüssen, Schwungrinnen oder dergl. versehen, dann kann die Geschwindigkeit der Schüttung so geregelt werden, daß alle Erzschüttungen — auch verschiedener Sorten — gleichmäßig über den Querschnitt verteilt — den Trichterkübel füllen.

1353 Berechnung eines Kippkübelaufzuges

Hochofen mit 1000 t/Tag Nennleistung. Wegen Betriebsstörungen, Pausen, Leistungssteigerung wird eine Reserve von 60 % eingeschlossen, daher

Rechnungsleistung	1600 t/Tag
Kokssatz	0,8 t/t RE
Möllerausbringen	40 %.

Es müssen gefördert werden:

Koks $= 0{,}8 \cdot 1600 = 1280$ t/Tag

Erz $= 1600 : 0{,}4 = 4000$ t/Tag.

Der Gichtsatz beträgt bei

Hochofen	= 6 m ∅
Schichthöhe	= 0,3 m
Gichtsatz	= 8,5 m^3
spez. Gewicht des Möllers	= ≈ 2,1 t/m^3
Gichtsatz	= 8,5 × 2,1 ≈ 18 t
Koks pro Gichtsatz	= (18 t × 0,4) t RE × 0,8 t/t RE ≈ 6 t.

Für einen Gichtsatz sind erforderlich:

Erzfahrten 2 zu je 9 t = 18 t

Koksfahrten 2 zu je 3 t = 6 t

Erzfahrten $\frac{4000}{9} = 450/\text{Tag}$

Koksfahrten $\frac{1280}{3} = 450/\text{Tag}$

d. h. insgesamt 900 Fahrten/Tag.

Für eine Fahrt stehen zur Verfügung:

$$\frac{3600 \cdot 24}{900} = 96{,}5 \approx 100 \text{ s.}$$

Fahrdiagramm (Bild 28)

Bei 48 m lotrechter Höhe und 45° Neigung des Schrägaufzuges

Gesamtweglänge $\frac{48}{\sin 45°} = \frac{48}{0{,}707} = 68$ m

v	[m/s]	= Gleichlaufgeschwindigkeit		= 1,8 m/s
b	[m/s²]	= Beschleunigung		= 0,15 m/s^2
b_v	[m/s²]	= Verzögerung		= 0,15 m/s^2
t_1	[s]	= Beschleunigungszeit	$\frac{v}{b} = \frac{1{,}8}{0{,}15}$	= 12 s
t_3	[s]	= Verzögerungszeit		= 12 s
s_1	[m]	= Beschleunigungsweglänge	$= \frac{v}{2} \cdot t_1$	= 10,8 m
s_3	[m]	= Verzögerungsweglänge	$= \frac{v}{2} \cdot t_3$	= 10,8 m
s_2	[m]	= Gleichlaufweglänge		= 46,4 m
			$s_1 + s_2 + s_3$	= 68 m

t_2 [s] = Gleichlaufzeit $s_2/v = 25{,}8 \approx 26$ s

$t_1 + t_2 + t_3 = 12 + 26 + 12 = 50$ s.

Bei einer reinen Fahrzeit von 50 s stehen also noch 50 s für Erz- bzw. Koksfüllen und Koksnässen zur Verfügung.

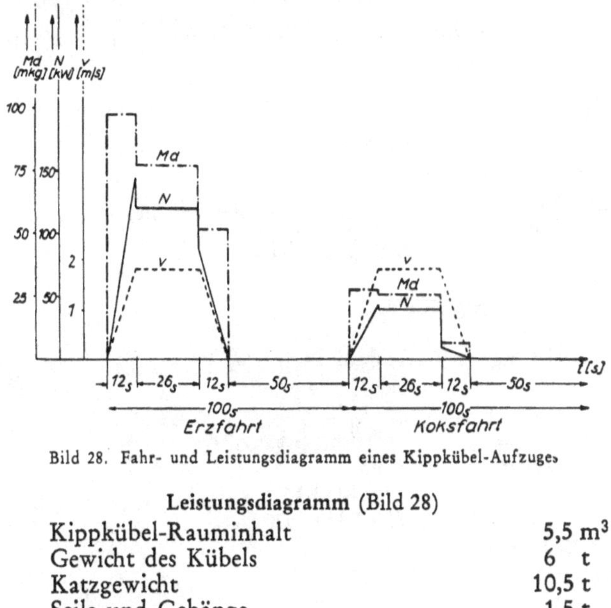

Bild 28. Fahr- und Leistungsdiagramm eines Kippkübel-Aufzuges

Leistungsdiagramm (Bild 28)

	Kippkübel-Rauminhalt	5,5 m³
	Gewicht des Kübels	6 t
	Katzgewicht	10,5 t
	Seile und Gehänge	1,5 t
Q [kg]	Erzlast	= 9 000 kg
Q [kg]	Kokslast	= 3 000 kg
Q_T [kg]	Totlast (Kübel, Katze, Seile) = 6 + 10,5 + 1,5	= 18 000 kg
Q_G [kg]	= Gegengewicht (zum Ausgleich von Totlast und ½ Nutzlast) = 18 + 9/2 t	= 22 500 kg
$Q_{ü_1}$ [kg]	= größte überhängende Last (Erzfahrt)	= 4 500 kg

$Q_{ü_2}$ [kg] = kleinste überhängende Last (Koksfahrt) = 1 500 kg

η_m = mechanischer Wirkungsgrad (Trommelwelle, Vorgelege, Motor, Seilscheiben) = 0,85

η_{sch} = Bahn (Schacht) Wirkungsgrad (Bahnreibung) = 0,78

$m_g \left[\frac{kg\,s^2}{m}\right]$ = gradlinig auf- und abwärts bewegte Massen = $\frac{Q_T - Q_G + Q}{9{,}81}\ \frac{kg\,s^2}{m}$

$m_u \left[\frac{kg\,s^2}{m}\right]$ = umlaufend bewegte Massen, bezogen auf den Seillauf, geschätzt zu 3000 $\frac{kg\,s^2}{m}$

$m \left[\frac{kg\,s^2}{m}\right] = m_g + m_u$

a) Leistung bei Gleichlauf N_{Gl} [PS]

$$N_{Gl} = \frac{Q_ü \cdot v}{75 \cdot \eta_m \cdot \eta_{sch}}$$

Erzfahrt

$$N_{Gl} = \frac{4500 \cdot 1{,}8}{75 \cdot 0{,}85 \cdot 0{,}78} = 162\ \text{PS} = \approx 120\ \text{kW}$$

Koksfahrt

$$N_{Gl} = \frac{1500 \cdot 1{,}8}{75 \cdot 0{,}85 \cdot 0{,}78} = 54\ \text{PS} = \approx 40\ \text{kW}$$

b) Leistung beim Anfahren N_A [PS]

$$N_A = \frac{(Qü + m \cdot b) \cdot V}{75 \cdot \eta_m \cdot \eta_{sch}}$$

$$\text{Erzfahrt } m_g = \frac{18\,000 + 22\,500 + 9000}{9{,}81} = 5000\ \frac{kgs^2}{m}$$

$$m = m_g + m_u = 8000 = \frac{kgs^2}{m}$$

$$\text{Erzfahrt } N_A = \frac{(4500 + 8000 \cdot 0{,}15) \cdot 1{,}8}{75 \cdot 0{,}85 \cdot 0{,}78} = 205 \text{ PS} = 148 \text{ kW}$$

$$\text{Koksfahrt } m_g = \frac{18\,000 + 22\,500 + 3000}{9{,}81} = 4400 \frac{\text{kgs}^2}{\text{m}}$$

$$m = m_g + m_u = 7400 \frac{\text{kgs}^2}{\text{m}}$$

$$\text{Koksfahrt } N_A = \frac{(1500 + 7400 \cdot 0{,}15) \cdot 1{,}8}{75 \cdot 0{,}85 \cdot 0{,}78} = 58 \text{ PS} = 44 \text{ kW}$$

c) Leistung beim Auslauf (Halten) N_H [PS]

$$N_H = \frac{(Q_{ü} - m \cdot b) \cdot v}{75 \cdot \eta_m \cdot \eta_{sch}}$$

$$\text{Erzfahrt } N_H = \frac{(4500 - 8000 \cdot 0{,}15) \cdot 1{,}8}{75 \cdot 0.85 \cdot 0{,}78} = 118 \text{ PS} = 87 \text{ kW}$$

$$\text{Koksfahrt } N_H = \frac{(1500 - 7400 \cdot 0{,}15) \cdot 1{,}8}{75 \cdot 0{,}85 \cdot 0{,}78} = 14 \text{ PS} = 10 \text{ kW.}$$

Drehmomentendiagramm (Bild 28)

Md [mkg] = 716,2 N/$_n$

N [PS] = Leistung

n [U/min] = 1500

a) Drehmoment bei Gleichlauf Md_{Gl} [mkg]
   Erzfahrt Md_{Gl} = 77,5 mkg
   Koksfahrt Md_{Gl} = 26 mkg

b) Drehmoment beim Anfahren Md_A [mkg]
   Erzfahrt Md_A = 98 mkg
   Koksfahrt Md_A = 28 mkg

c) Drehmoment bei Auslauf Md_H [mkg]
   Erzfahrt Md_H = 52 mkg
   Koksfahrt Md_H = 6,7 mkg.

14 Sonderkrane (Hüttenkrane)

141 Allgemeine Übersicht

Der Weg des Eisens vom Hochofen bis zum jeweiligen Endprodukt ist im Schema Bild 29 wiedergegeben.

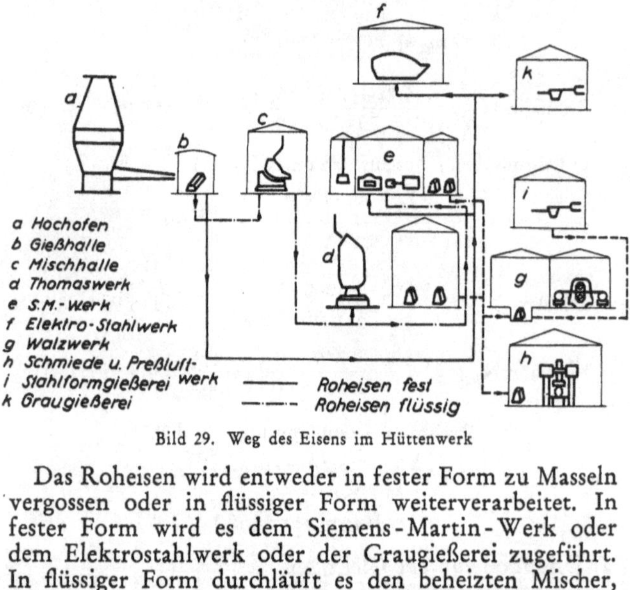

Bild 29. Weg des Eisens im Hüttenwerk

Das Roheisen wird entweder in fester Form zu Masseln vergossen oder in flüssiger Form weiterverarbeitet. In fester Form wird es dem Siemens-Martin-Werk oder dem Elektrostahlwerk oder der Graugießerei zugeführt. In flüssiger Form durchläuft es den beheizten Mischer, um dann dem Thomaswerk oder dem Martinwerk zugeführt zu werden. Die in den Stahlwerken (Thomas-, Martin-, Elektro-) erschmolzenen Blöcke werden als Walzblöcke zum Walzwerk transportiert, wo sie bis zur weiteren Verarbeitung in Tieföfen eingesetzt werden.

Schmiedeblöcke von den Stahlwerken werden an das Schmiede- und Preßwerk geliefert, wo sie bis zur weiteren Verarbeitung in die Blockwärmeöfen kommen.

Zur Raffination kann auch flüssiger Thomas- oder Martin-Stahl an das Elektrostahlwerk abgegeben werden.

In den Stahlwerken sind neben dem flüssigen Einsatz von Mischereisen und metallischen Einsätzen auch feste Einsätze, wie Kalk, Dolomit, Schrott, Erz, Sinter, Masseln u. a. m., zu setzen.

Die erheblichen Mengen an Schlacke, die bis zu 420 kg/t Rohstahl betragen können, sind abzutransportieren.

Diese vielfältigen Aufgaben erfordern Hebezeuge in Sonderbauart, die Hüttenkrane. Ihre zweckmäßige, leistungsfähige und betriebssichere Durchbildung ist für einen störungsfreien Ablauf der gesamten Erzeugung und Fertigung ebenso wichtig wie die Öfen.

142 Schrottmagnetkrane

Diese Krane werden in Tragkraft von 5 bis zu 12,5 (16) t hergestellt. Es sind fahrbare Krane, die den gesamten ausgedehnten Schrottplatz des Martinwerkes überspannen. Als Lastaufnahmemittel dient der Magnet, der hier sein wichtigstes Anwendungsgebiet hat. Hier kommen seine großen Vorteile, die in dem schnellen Aufnehmen und Abwerfen des unregelmäßigen Materials liegen, besonders zur Geltung. Aber auch der Mehrschalengreifer, der es gestattet, auch sehr sperrigen Schrott zu verladen, wird gern benutzt.

143 Muldentransportkrane (Bild 30)

Diese Krane werden mit Tragkraft von 8 bis zu 20 t ausgeführt. Sie transportieren die aus der Bunkerhalle des Martinwerkes und dem hinter der Halle liegenden Aushilfslager für Schrott und Roheisenmasseln kommenden, gefüllten Beschickungsmulden und setzen sie (je 3 bis 4 Mulden) auf die Abstellbank für die Mulden ab. Diese liegt parallel zu den in einer Reihe in der Ofenhalle nebeneinanderliegenden Öfen. Die Krane nehmen die leeren Mulden wieder auf und bringen sie zur Füllstelle.

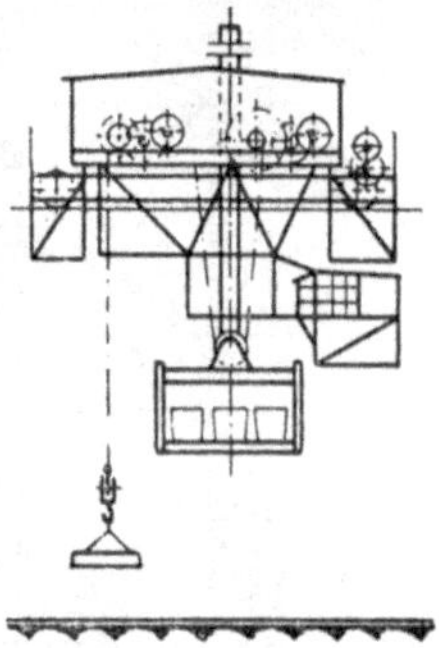

Bild 30
Muldentransportkran
(Ernst III, S. 47, Abb. 91)

144 Muldenbeschickkrane (Chargierkrane) [Bild 31]

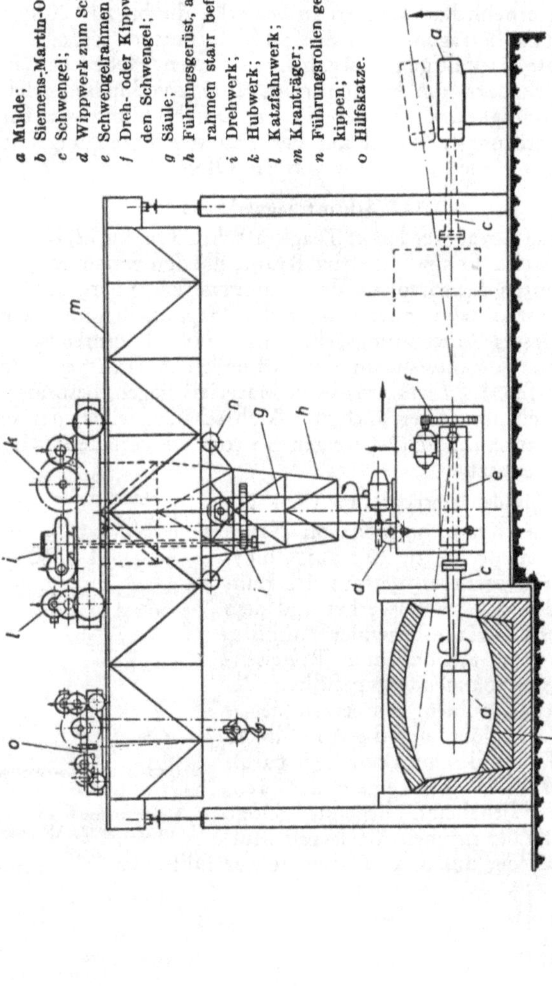

a Mulde;
b Siemens-Martin-Ofen;
c Schwengel;
d Wippwerk zum Schwengel;
e Schwengelrahmen;
f Dreh- oder Kippwerk für den Schwengel;
g Säule;
h Führungsgerüst, am Katzrahmen starr befestigt;
i Drehwerk;
k Hubwerk;
l Katzfahrwerk;
m Kranträger;
n Führungsrollen gegen Aufkippen;
o Hilfskatze.

Bild 31. Schema Muldenbeschickkran (Ernst III, S. 47, Abb. 91)

Diese Krane oder Maschinen setzen die festen Einsätze — Masseln, Schrott, Zuschläge — mit Hilfe der Mulden in den Martinofen ein. Sie werden mit einer Tragkraft von 1 bis 8, normal 3,2 t gebaut. Bei höheren, gut aufeinander abgestimmten Arbeitsgeschwindigkeiten können mit ihnen bis zu 60 Spiele in der Minute erreicht werden.

Die Beschickkrane haben einen waagerechten Ausleger, den Schwengel, mit dem die auf der Muldenbank stehenden gefüllten Mulden aufgenommen werden. Der Schwengel mit Mulde wird dann herumgeschwenkt, die Mulde in die kurzzeitig geöffnete Ofentür gefahren und ihr Inhalt in den Ofen gekippt. Der Beschickkran muß also längs und quer fahren, den Schwengel drehen, sowie auf- und abbewegen und die Mulde kippen können. Das hierzu notwendige Wippwerk sowie das Kippwerk werden heute in der Blockbauweise ausgeführt, bei der die Getriebe weitgehend zusammengefaßt werden. Die schneller laufenden Vorgelege werden in einem Block vereinigt, der mit angeflanschtem Motor und eingebauter Bremse zu einem vollständigen Blocktriebwerk wird. Bei

Bild 32. Beschickmaschine (St + E 1953, S. 548, Bild 9)

der Beschickmaschine (Bild 32) sind Wipp- und Kippwerk auf einem auf dem Ofenhausflur längs verfahrbaren Rahmen aufgesetzt.

Alle Bewegungen steuert der Kranführer, dessen Stand so angeordnet ist, daß er alle Vorgänge beobachten und in die geöffnete Ofentür hineinsehen kann.

145 Mischerkrane, Gießkrane

Die Mischerkrane befördern das vom Hochofen kommende Roheisen in Pfannen zum Mischer und entleeren die Pfannen in den Mischer. Das im Mischer gespeicherte Roheisen wird wiederum in Pfannen gekippt, die durch Gießkrane zum Konverter des Thomaswerkes oder zum Martinwerk gebracht werden. Martinofen und Thomasofen kippen den Rohstahl aus dem Ofen in die Pfannen, die vom Gießkran aufgenommen und zur Gießstelle gebracht werden. Hier wird der Inhalt in Blockform oder Kokillen gegossen.

Mischer und Gießkrane haben grundsätzlich ein Haupthubwerk mit Gehänge, das die Pfannen aufnimmt, und ein Hilfshubwerk, mit dem die Pfannen gekipppt werden. Die Pfannen sind um die Kippzapfen drehbar. Das Hilfshubwerk greift am Pfannenboden an und kippt die Pfanne.

Wenn Haupthubwerk und Hilfshubwerk auf einer Katze angebracht werden, dann kann man die Pfanne stets nur nach einer Seite kippen. Mit einer besonderen Hilfskatze, die unter der Hauptkatze hindurchfahren kann, wird diese Schwierigkeit vermieden (Bild 33).

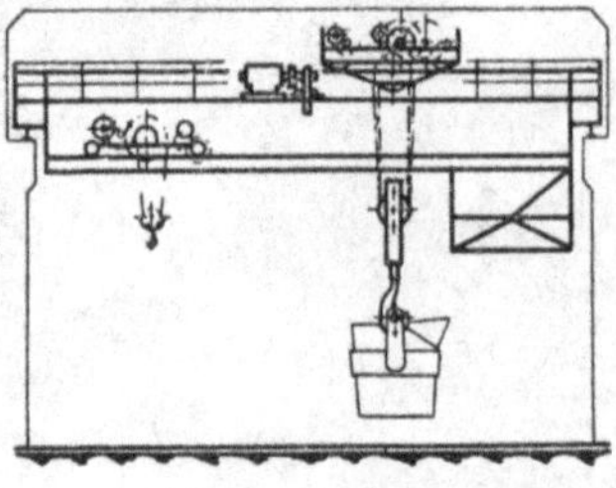

Bild 33. Gießkran
(Ernst III, S. 28, Abb. 52)

Das Pfannengehänge ist an Seilen aufgehängt, da mit den vervollkommneten Steuerungen ein Pendeln der schweren Last der Pfanne vermieden werden kann. Die früher vielfach ausgeführte starre Führung des Pfannengehänges wird heute nicht mehr gebaut.

Mischer- und Gießkrane werden in Tragkraft bis zu 250 t und mehr für den Haupthub und 50 t für den Hilfshub ausgeführt.

Für den Gießkran mit Hilfskatze ist die Vierträgerbauart üblich. Die Hauptkatze läuft auf den außenliegenden Hauptträgern, die neuerdings als geschweißte Vollwandträger ausgebildet werden, die Hilfskatze auf den innenliegenden Hilfsträgern.

An die Gießkräne werden mit Bezug auf die Betriebssicherheit (Unfallverhütungsvorschriften) die schärfsten Forderungen gestellt. Zwei mechanische Bremsen sollen jede für sich die Vollast halten. Für den Antrieb des Haupthubwerkes wird in zunehmendem Maße der Doppelantrieb bevorzugt. Bei diesem arbeiten zwei Motoren, jeder für die halbe Hubleistung bemessen, auf ein gemeinsames Umlaufgetriebe. Bei Arbeiten mit zwei Motoren wird die volle Hubgeschwindigkeit erzielt. Fällt ein Motor aus, dann kann mit halber Geschwindigkeit weitergearbeit werden.

146 Stripperkrane, Tiefofenkrane

Der Stahl wird aus den Gießpfannen in Kokillen (Blockformen) vergossen, die aus Stahlguß oder Hämatit bestehen. Je nach Stahlmarke, Gießart und Blockverarbeitungsart werden die verschiedensten Kokillen verwendet. Sie sind meistens konisch, mit dem weiten Ende nach oben (Standardausführung) oder nach unten. Die Querschnitte sind kreisrund, quadratisch, vieleckig oder rechteckig mit abgerundeten Ecken (Brammen).

Zum Herausziehen der Blöcke aus den Kokillen sind erhebliche Kräfte mit etwa dem 10fachen der Tragkraft des Kranes notwendig. Es müssen daher Abstreifvorrichtungen angesetzt werden, die im allgemeinen als Stripper- oder Abstreifkrane ausgebildet werden.

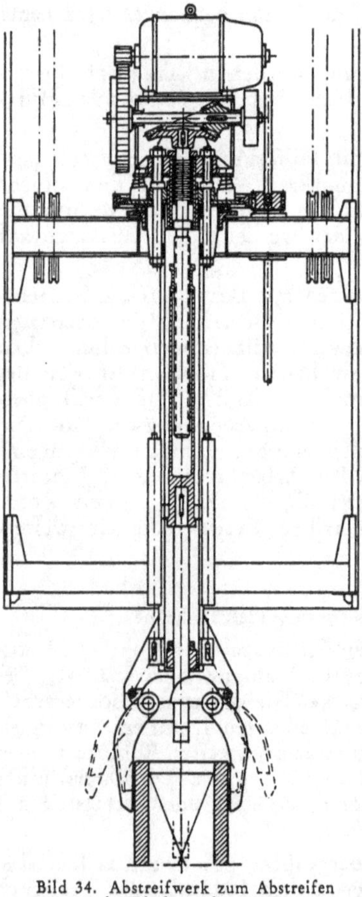

Bild 34. Abstreifwerk zum Abstreifen der Blöcke nach unten (Ernst III, S. 36, Abb. 69)

Die Abstreifvorrichtung für Standardblöcke (Bild 34) besteht aus einer Zange und einem Stempel, die von einem rohr- oder schachtartigen Gerüst geführt werden. Die Vorrichtung wird meistens von einem Laufkran mit fahrbarer Laufkatze getragen, der den Abstreifplatz überspannt. Es finden sich jedoch auch, je nach der Anordnung und Lage der Abstreifplätze in den Hallen, andere Bauarten von Kranen zum Tragen der Abstreifvorrichtungen, u. U. auch stationäre Abstreifvorrichtungen.

Beim Arbeiten der Abstreifvorrichtung faßt die Zange die Kokille an ihren seitlichen Vorsprüngen und hält sie fest, während der Stempel den Block nach unten herausdrückt. Zange und Stempel werden durch das Stripperwerk angetrieben, das am oberen Ende der Vorrichtung aufgebaut ist. Beim Ausdrücken der Blöcke sind plötzliche Entlastungen des Hubwerkes durch den fallenden Block, Schläge des herunterfallenden Blocks auf die Unterlage (Transportwagen) und Überlastung des Stripperwerkes beim plötzlichen Aufsetzen des Stempels auf den Block durch zweckentsprechende Konstruktionen und Steuerung des Vorganges zu verhindern.

Da die Stripperkrane häufig auch zum Block- oder Kokillentransport herangezogen werden, muß die Schließkraft der Zange unter allen Betriebsumständen — auch bei Nachgiebigkeit des glühenden Blockes und bei Erschütterungen während des Fahrens — erhalten bleiben.

Die Tiefofenkrane müssen die warmen Blöcke in die Tieföfen einsetzen, wieder herausnehmen und der Blockstraße zuführen. Sie werden aber auch zur Entlastung des Stripperkranes verwendet, wenn die Tieföfen von diesem befahren werden können.

Die Ausbildung der Tiefofenkrane ist grundsätzlich mit Führungsgerüst und Zange die gleiche wie beim Stripperkran. Der Ausdrückstempel fehlt, dafür hat der Tiefofenkran eine Abhebevorrichtung für die Deckel der Öfen. Mit dieser werden die Deckel abgehoben und seitlich angeschwungen, so daß die Zange ohne Zeitverlust und Verlust von Wärme in die Grube eingefahren werden kann.

Die Zangen der Tieföfenkrane erfordern besondere Durchbildung mit Rücksicht auf die kleine Öffnung der Tieföfen und Anpassung an die verschiedenen Block- und Brammengrößen.

147 Schmiedemanipulatoren und Schmiedekrane

Die Schmiedestücke müssen von Transporteinrichtungen unter die Schmiedepresse oder Hämmer gebracht und während der Bearbeitung gehalten werden. Hierzu dient bei kleineren Werkstücken bis zu etwa 20 t in zunehmendem Maße der Manipulator (größte ausgeführte Tragkraft 75 t), sonst der Schmiedekran.

Die Manipulatoren werden grundsätzlich in zwei Bauarten hergestellt: in schienengebundener, starrer und in ungebundener, freilaufender Bauart. Der Antrieb ist im allgemeinen elektrisch, nur für die Bewegung der Zangenschenkel wird Druckluft, bei größeren Maschinen auch Preßwasser, verwendet.

Der Manipulator, in seiner einfachsten Form als Langfahrtmanipulator, kann alle Bewegungen ausführen, die zum Handhaben des Schmiedestückes unter der Presse oder dem Hammer notwendig sind, nämlich Vor- und Zurückfahren der Maschine, Heben und Senken des Zangenträgers, sowohl parallel als auch winklig, Wenden des Greiferkranes, Öffnen und Schließen der Zange.

Drehbare und seitlich verschiebbare Langfahrmanipulatoren (drehbare Brückenmanipulatoren) haben einen Unterwagen, der die Querfahrt übernimmt, und einen Oberwagen, der die Langfahrt und die Drehbewegung um seine Achse übernimmt. Einen hydraulischen 12,5 t-Schienenmanipulator zeigt Bild 35. Hier ist auf den

Bild 35. Schienenmanipulator (St + E 1952, S. 673, Abb. 9 b)

Oberwagen und damit auf volle Drehbarkeit und größere Seitenverschiebung verzichtet, jedoch ist eine begrenzte Parallelverschiebung möglich. Die beim Schmieden in senkrechter und waagerechter Richtung auftretenden, durch schlechte Auflage des Werkstückes nicht ausgeglichenen Kräfte werden durch Federn oder sonstige Vorrichtungen, wie Laschen, Gummipolster, Luftpuffer u. a., aufgenommen.

Die Schmiedekrane müssen die Werkstücke meist nicht nur halten, sondern auch wenden. Dies bewirken die Wendevorrichtungen, mit denen das Werkstück an zwei Kranen rechts und links von der Presse gehalten wird. Die Wendevorrichtung besitzt eine endlose Gelenkkette, die das Werkstück trägt und die von einem Motor über

Bild 36. Schmiedekran an einer 6000 t-Schmiedepresse

einen Kettenstern angetrieben wird. Die Wendevorrichtung wird in die Kranhaken eingehängt (Bild 36). Im allgemeinen trägt ein Kran die motorisch angetriebene Wendevorrichtung, der andere eine nichtangetriebene Wenderolle.

Da schon während des Wendens das Schmiedestück von dem Pressenstempel oder Hammer erfaßt werden kann, muß der Motor gegen diesen Fall durch eine Rutschkupplung oder eine ähnlich wirkende Maschine abgesichert werden. Die Wendevorrichtung und die Flaschen der Krane sind gegen Überbeanspruchung durch Schläge (s. oben) federnd ausgebildet.

Bei dem schnellen Arbeitstempo der neuzeitlichen Pressen ist leichte Bedienbarkeit mit guter Sicht vom Führerhaus, wenn möglich vom Pressenstand aus, unbedingt notwendig, da sich die Krane mit ihren Bewegungen dem Fortschritt des Schmiedevorganges anpassen müssen.

148 Vergütekrane

Vergütekrane müssen die zu vergütenden Werkstücke schnell in ein Ölbad einbringen, d. h. mit hoher Senkgeschwindigkeit bei kurzem Bremsweg arbeiten. Alle Bewegungen müssen unabhängig von der Lastgröße sicher beherrscht werden können. Elektrisch sind die hohen Senkgeschwindigkeiten nicht zu erzielen, da die Motoren zu schwer und zu groß ausfallen würden. Elektrische Bremsschaltungen können die Forderung nach kurzem Bremsweg nur sehr unvollkommen erfüllen, da zusätzlich mit der Last die große, schnell umlaufende Masse des Motorläufers abzubremsen ist.

Als Schnellsenkvorrichtungen werden daher mechanische Bremsen mit selbsttätiger Steuerung verwendet, die in verschiedenen Ausführungen mit Vergleichsgetriebe (Bauart DEMAG), Pendelmotor (Bauart MAN) oder anderem gebaut werden. In allen Fällen muß die Bremstrommel so bemessen sein, daß die entstehende Reibungswärme ohne unzulässige Temperaturerhöhung aufgenommen und abgeführt werden kann.

2. Maschinen zur Kraftversorgung

21 Allgemeines

211 Erzeugung mechanischer oder elektrischer Energie

Abgesehen von der Energie in Wärmeform wird im Hüttenwerk die Energie in der Form mechanischer oder elektrischer Energie, d. h. also in hochwertiger Form, benötigt. Diese hochwertige Form der Energie muß mittels thermischer Kraftanlagen aus der in den Brennstoffen enthaltenen Energie umgewandelt werden. Die Entscheidung, ob Energie in Form von mechanischer Energie — also von den Kraftmaschinen in direkter Kupplung mit den Arbeitsmaschinen — verwendet werden soll oder ob der elektrische Antrieb dem unmittelbaren Antrieb vorzuziehen ist, ist von Fall zu Fall zu treffen.

Der Umweg über die elektrische Energie bedingt Verluste durch Generator, Umspannung, Verteilung, Motor und Getriebe, die in ihrer Größenordnung bis etwa 10 % liegen.

Auf der anderen Seite hat der elektrische Antrieb von Arbeitsmaschinen (Walzenstraßen, Gebläsen u. dergl.) sehr große Vorteile allgemeinbetrieblicher Art. Die Energieerzeugung kann im Kraftwerk zentralisiert werden, und die Energieverteilung ist verhältnismäßig leicht durchzuführen. Regeltechnisch hat der elektrische Antrieb, von Ausnahmen abgesehen, so große Vorteile, daß die meisten neuzeitlichen Verfahren der mechanischen Formgebung (Walzen) nur mit dem elektrischen Antrieb durchgeführt werden können. Die Vorbedingung für das erfolgreiche Arbeiten mit der elektrischen Energie ist ein wirtschaftlich arbeitendes Kraftwerk oder der Fremdbezug von billigem Strom.

212 Brennstoffe

Der Brennstoff, der vorwiegend für Hüttenwerke in Frage kommt, ist das Gichtgas. Trotz seines niederen Heizwertes von etwa 900 bis 1000 Kalorien/Nm^3 ist das Gichtgas in neuzeitlichen Kesselanlagen ein hochwertiger

Brennstoff, da sowohl Luft- als auch Gas-Vorwärmung möglich ist.

Die Gichtgasmenge, die je t Roheisen im Hochofen anfällt, steigt mit zunehmendem Koksverbrauch und zunehmendem CO_2-Gehalt des Möllers. Die Vorausberechnung der Gichtgasmenge, die je t Roheisen bei einem angenommenen Möller anfällt, ist schwierig. Als rundes Maß wird der Anfall von 4200 Nm^3 je t Koks genannt. Von dieser Gasmenge stehen etwa 55—65 % außerhalb des Eigenbedarfs des Hochofens zur Verfügung. Zieht man hiervon noch die Gasverluste mit etwa 6 % ab, so bleiben etwa 2200 bis 2500 Nm^3 Gichtgas/t Roheisen zur Verfügung. Diese Menge Gichtgas entspricht etwa 5000 kWh. An anderen Brennstoffen werden in der Hauptsache Kohle und Heizöle verwendet.

Infolge der Verschiedenheit, die diese Brennstoffe schon innerhalb ein- und derselben Lagerstätte aufweisen, und infolge der wechselnden Art der Aufbereitung, können allgemein verbindliche Angaben über die Eignung von Brennstoffen für einen bestimmten Verwendungszweck nicht gemacht werden.

Die Bedeutung der Brennstoffe für die eisenschaffende Industrie ist dadurch gekennzeichnet, daß in gemischten Hüttenwerken die Kosten für die Brennstoffe, ohne die Kosten der Energieumwandlung, selbst bei auf der Kohle liegenden Werken, bis zu 20 % der Betriebsselbstkosten (also ausschließlich Kapitaldienst) der versandten Erzeugnisse betragen. Bei Werken auf Erzbasis steigt dieser Wert bis zu 30 %. Für Edelstahlerzeugnisse sinken diese Hundertsätze sehr stark. Edelstahlerzeugnisse vertragen u. U. Frachtkosten für Kohle, die höher sind als der Kohlepreis ab Grube.

213 Grundsätzliches zur Energieumwandlung

Die thermische Kraftanlage soll fortlaufend Wärmeenergie in mechanische oder elektrische Energie umwandeln. Jede solche Anlage, gleichgültig ob es sich um eine Dampfkraftanlage mit Dampfkessel und Dampfmaschine bzw. Turbine, eine Gaskolbenmaschinenanlage oder eine Gasturbinenanlage handelt, arbeitet grundsätzlich nach dem Schema Bild 37.

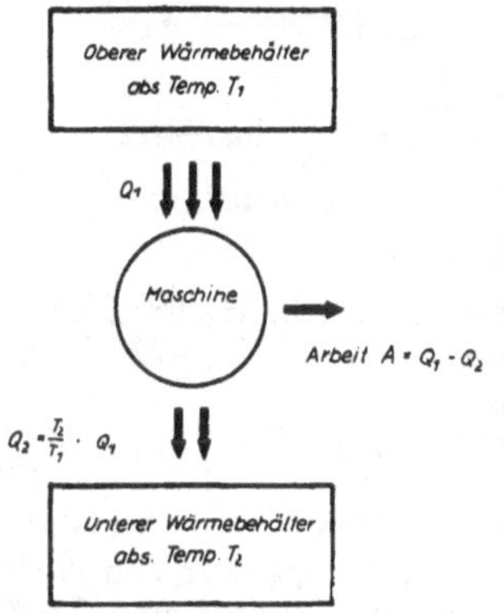

Bild 37
Schema einer thermischen Kraftmaschine

Aus einem oberen Wärmebehälter mit unendlich großer Kapazität (z. B. Feuerungsanlage des Dampfkessels oder Verbrennungsraum eines Motors oder Brennkammer einer Gasturbine) wird bei der höheren absoluten Temperatur T_1 der Maschine die Wärmemenge Q_1 zugeführt. In der Maschine M wird ein Teil dieser Energie in mechanische oder elektrische Arbeit A verwandelt. Der Rest Q_2 wird zu einem unteren Wärmebehälter unendlich großer Kapazität mit der niedrigeren Temperatur T_2 abgeleitet. Dieser untere Wärmebehälter ist bei Kraftanlagen, die im geschlossenen Prozeß arbeiten (z. B. Kondensationsdampfkraftanlagen), das Kühlwasser des Kondensators, bei Kraftanlagen, die im offenen Prozeß arbeiten (z. B. Gaskolbenmaschinenanlagen), die freie Atmosphäre, in die der Wärmeträger, die Verbrennungsgase, ausgestoßen wird.

Die Beziehung für den thermodynamischen Wirkungsgrad bei Umwandlung von Energie in Wärmeform, in mechanische oder elektrische Energie lautet für den Idealfall:

$$\eta = \frac{T_1 - T_2}{T_1} \text{ oder } \eta = \frac{Q_1 - Q_2}{Q_1}.$$

Da der absolute Nullpunkt T_0 nicht zu erreichen ist, kann die niedrige Temperatur T_2 des unteren Wärmebehälters im idealen Falle nur gleich der Temperatur des Kühlmittels oder der Atmosphäre sein.

Bei der Umwandlung von Wärme in mechanische oder elektrische Energie wird also nur ein Teil der zugeführten Wärmemenge Q_1 in Arbeit verwandelt, ein anderer Teil, und zwar $Q_2 = \frac{T_2 \cdot Q_1}{T_1}$, kann nicht in Arbeit umgewandelt werden, er ist für den eigentlichen Zweck der Maschine verloren. Die Größe dieses Verlustes hängt von dem Verhältnis $\frac{T_2}{T_1}$ ab. Der Verlust wird um so geringer, je höher die Temperatur T_1 wird.

Arbeitet eine Kraftmaschinenanlage beispielsweise zwischen der oberen Temperatur $T_1 = 200° C = 473° K$ und der unteren Temperatur $T_2 = 35° C = 308° K$, dann beträgt der Zwangsverlust $\frac{308}{473} \cdot Q_1 = 0{,}652\, Q_1$. Es werden 65,2 % der zugeführten Wärmemenge nutzlos abgeführt.

Wird die Wärme bei der oberen Temperatur von 450° C = 723° K zugeführt, dann sinkt der Verlust auf 42,6 %. Diese Berechnung gilt nur für eine Kraftmaschinenanlage, bei der alle Vorgänge umkehrbar im Sinne der Thermodynamik sind, d. h. für die ideale Maschinenanlage. Die Berechnung ergibt also nur den zu erwartenden idealen Wirkungsgrad. Der tatsächlich erreichbare Wirkungsgrad liegt wegen der unvermeidlichen Verluste durch Wärme, Reibung usw. wesentlich niedriger.

Alle Wärmekraftmaschinenanlagen arbeiten also mit sehr geringem Wirkungsgrad, der im wesentlichen dadurch erhöht werden kann, daß die obere Temperatur T_1 möglichst hoch gewählt wird.

Die verschiedenen Ausführungsformen der Wärmekraftmaschinenanlagen haben nun jeweils besondere Vor- und Nachteile, die es gegeneinander abzuwägen gilt, um über ihren möglichen Einsatz im Hüttenbetrieb zu entscheiden. Da immer die große Wärmemenge Q_2 bei der niederen Temperatur T_2 abzuführen ist, erhebt sich die Frage, ob diese Wärmemenge nicht zur Verbesserung der Wirtschaftlichkeit für andere Zwecke, z. B. Heizungszwecke, ausgenutzt werden kann. Weiterhin ist z. B. bei Kondensationskraftwerken die Frage von sehr großer Bedeutung, ob es möglich ist, die zur Abführung der großen Wärmemenge Q_2 erforderliche Menge an Kühlwasser billig bereitzustellen.

22 Dampfkraftanlagen

221 Dampfdrücke und Temperaturen

Systematische Untersuchungen über die Auslegung des Wasserdampfkreisprozesses ergeben, daß es für jede Maschinenleistung einen günstigsten Frischdampfdruck und einen hierbei günstigst erreichbaren niederen Wärmeverbrauch gibt. Die Absenkung des Wärmeverbrauchs hängt dabei nicht allein von den gewählten Frischdampfverhältnissen ab, auch die Größe der Maschineneinheiten spielt dabei eine entscheidende Rolle. Mit größer werdenden Maschineneinheiten ergeben sich nämlich niedrigere Wärmeverbrauchszahlen.

Im Bereich zwischen 20 bis 50 MW, dem Bereich, der für größere Hüttenkraftwerke in Frage kommt, liegen die wirtschaftlichen Druckstufen zwischen 80 und 150 atü. Für Leistungen unter 10 MW kommen Drücke zwischen 20 und 40 atü in Frage. Beim Übergang auf Leistungen über 50 MW wird man Druckstufen über 150 atü wählen.

Anlagen kleinerer Leistung lohnen sich, wenn große Mengen an Heiz- und Fabrikationsdampf benötigt werden, wenn erhebliche Mengen Gichtgas anfallen, die anders nicht nutzbar verwendet werden können oder wenn ballastreiche Kohle vorhanden ist. Aus verschiedenen Gründen kann auch eine kleinere Anlage vorteilhaft sein, die nur einen Teil des notwendigen Kraftverbrauchs erzeugt und zur öffentlichen Stromversorgung parallel läuft. Weiterhin kann die isolierte Lage eines Hüttenwerkes den Bau einer Anlage kleinerer Leistung rechtfertigen. Für Hüttenwerke und Hochofenanlagen wird die untere wirtschaftliche Grenze für Maschineneinheiten mit 20000 bis 25000 kW angegeben. Die Aufstellung von Vorschaltanlagen auf älteren Werken lohnt sich erst ab etwa 5000 kW Turbinenleistung.

222 Aufbau

An die Kraftanlage eines Hüttenwerkes werden aus den jeweils anders gelagerten besonderen Bedürfnissen des Hüttenbetriebes Bedingungen gestellt, die ihren Aufbau entscheidend beeinflussen. Von einer Normalausführung für Hüttenwerke kann also nicht gesprochen werden.

Die grundsätzliche Anordnung einer Kondensationsdampfkraftanlage, mit der der Wasserdampf-Kreisprozeß durchgeführt wird, zeigt Bild 38. Dampfkesselanlage einschließlich Feuerungsanlage, Dampfturbine, Kondensation, gegebenenfalls mehrstufige Speisewasservorwärmung und Speisepumpe sind im Kreislauf eines Kondensationsprozesses hintereinandergeschaltet. Der Prozeß ist als geschlossen anzusehen, da der Wasserdampf als Wärmeträger ständig umläuft. Die unvermeidlichen kleinen Verluste an Wasser und Dampf in der Größenordnung von 3 % der Umlaufmenge müssen durch Zusatz von aufbereitetem Speisewasser ersetzt werden.

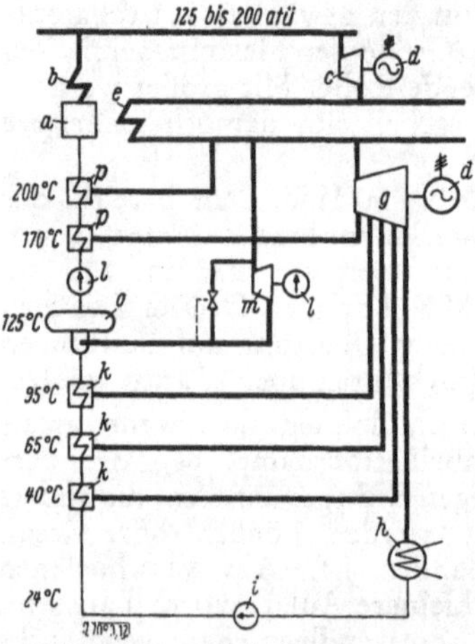

Bild 38. Wärmeschaltplan für ein Kraftwerk mit Vorschalt- und Nachschalt-Anordnung (1955) (ZVDI 1956, S. 4, Bild 12)

Bei der sogenannten Gegendruckanlage kann der Prozeß ein offener sein, da der Wasserdampf hier nach arbeitsleistender Entspannung in einer Gegendruckturbine an die Fabrikation zur weiteren Verwendung abgegeben werden kann. Das in diesem Falle zugeführte Frischwasser muß vor der Speisung des Kessels dann jeweils neu aufbereitet werden.

223 Dampfkessel

Die Kesselbauarten haben sich allgemein im Laufe der letzten zwei Jahrzehnte mit dem Übergang auf ständig steigende Dampfdrücke und Temperaturen immer stärker geändert. Auf die Kesselbauart haben heute drei Faktoren bestimmenden Einfluß:

das Speisewasser,
der Brennstoff,
die Betriebsbedingungen.

Da die Hüttenwerkskraftanlagen im allgemeinen nicht mit höchsten Drücken und Temperaturen arbeiten, kann allen Ansprüchen, die an das Speisewasser gestellt werden, durch die heutigen vervollkommneten Aufbereitungsverfahren genügt werden.

Für die Hüttenwerkskraftanlagen kommt den Faktoren Brennstoff und Betriebsbedingungen eine entscheidende Bedeutung zu. Letztere, insbesondere die meist stark schwankende Belastung, bedingen möglichst einfachen Aufbau.

Von einem kennzeichnenden Typ der Kesselanlage für ein Hüttenwerk kann im allgemeinen nicht gesprochen werden, da Verwendungszweck und Größe in zu weiten Grenzen schwanken. Auf Hüttenwerken sind noch sehr viele ältere Dampfkesselanlagen in Betrieb, die mit niedrigem Dampfdruck zur Erzeugung von Fabrikationsdampf für Hämmer, Preßwerke u. a. sowie von Heizdampf betrieben werden. Häufig arbeiten diese älteren Anlagen hinter Vorschaltanlagen.

Bei größeren Einheiten ist der Strahlungskessel vorherrschend. Durch die besondere Form des Feuerraumes und die besondere Anordnung der Verdampferheizflächen wird ein möglichst großer Anteil der übertragenen Wärme durch Strahlung übertragen. Während die Verdampferheizfläche immer stärker zusammenschrumpft, wird der

Anteil der Überhitzer- und Nachschalt- (Eko- u. Luvo-) Heizfläche immer größer (Bild 39).

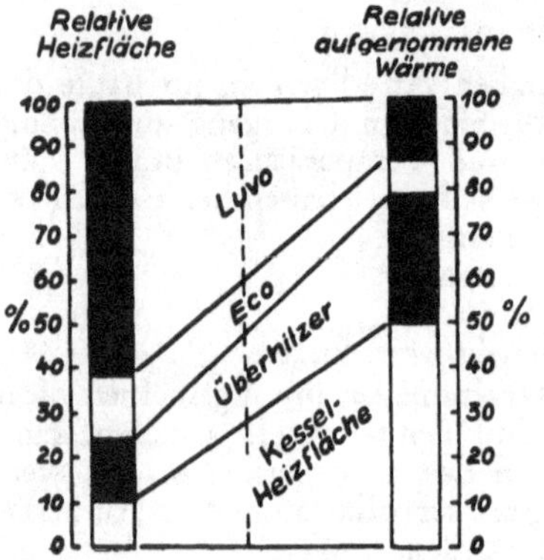

Bild 39. Vergleich von Heizflächen und aufgenommener Wärme in einer neuzeitlichen Dampfkesselanlage

Das Schema einer neuzeitlichen Kesselanlage mit allen Nebenanlagen, die zur Erzielung eines hohen Wirkungsgrades notwendig sind, zeigt Bild 40.

Die besonderen Betriebsbedingungen der Dampfkraftanlage eines Hüttenwerkes, insbesondere die geforderte gute Regelfähigkeit, beeinflussen die Wahl und den Bau der Feuerungsanlage. Die Wärme wird in der Feuerungsanlage erzeugt. Der eigentliche Kessel ist nur der Wärmeaustauscher. Die Wärmeleistung der Feuerungsanlage muß

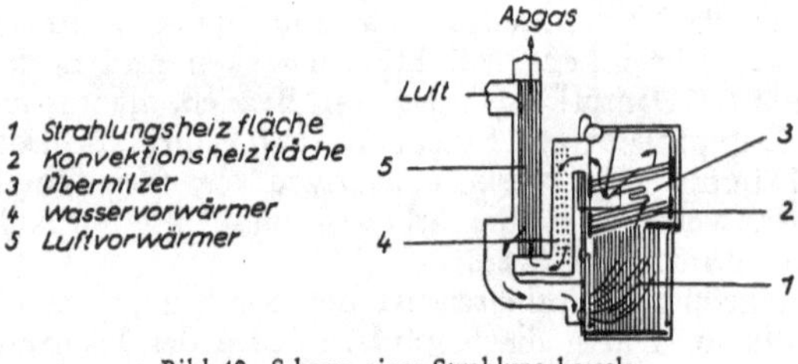

Bild 40. Schema eines Strahlungskessels

bei geforderter guter Regelfähigkeit der Dampfkesselanlage schnell und in weiten Grenzen geändert werden können. Andererseits muß auch die Feuerungsanlage den zu verwendenden Brennstoffen angepaßt sein.

Verbundfeuerungsanlagen ermöglichen die Verbrennung von Gichtgas, Koksofengas, Kohle, Kohlestaub und Heizölen in verschiedener Kombination mit verschiedenen Anteilen der jeweils verwendeten Brennstoffe. Dadurch wird ein guter Ausgleich in der Gaswirtschaft möglich.

Infolge der Vielzahl der verwendeten Brennstoffe und der Kombinationsmöglichkeiten finden sich auf Hüttenwerken die verschiedensten Arten der Feuerungsanlagen, vom Planrost bei älteren Anlagen angefangen.

Spezialformen der Dampfkessel sind die Abhitzekessel, die zur Ausnutzung der fühlbaren Wärme der Abgase aus Öfen aller Art (Siemens-Martin, Martinstoß-Glüh-Tieföfen u. a. m.) sowie aus Gasmaschinen dienen. Sie werden als Rauchrohrkessel, gegebenenfalls mit Zusatzfeuerung, gebaut und mit Temperaturen bis zu etwa

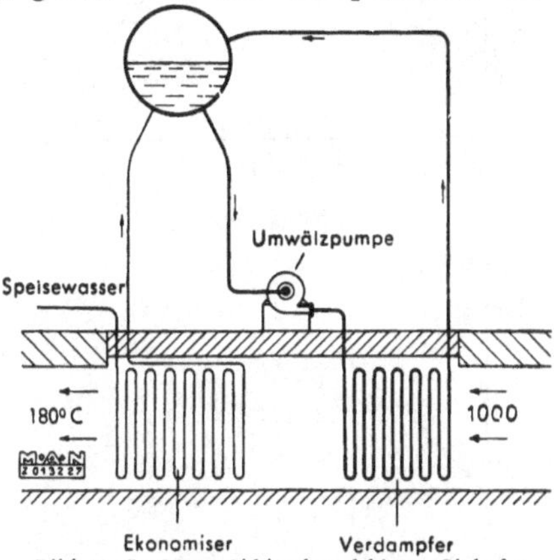

Bild 41. La-Mont-Abhitzekessel hinter Glühofen (MAN-Druckschrift „Abhitzekessel", Bild 10)

350 ° C betrieben. Bei großen Abgasmengen erlaubt die Bauart nach La Mont mit Zwangsumlauf die Anwendung hoher Dampfdrücke und Temperaturen (Bild 41).

2231 Wirkungsgrade

Der Dampfkessel gehört zu den Wärmeaustauschern mit besonders hohem Wirkungsgrad. Bei neuzeitlichen Großanlagen werden bei der Abnahme thermische Wirkungsgrade von 90 % und mehr nachgewiesen. Selbst im Betriebsdurchschnitt werden bei guter Auslastung Wirkungsgrade von weit über 85 % erreicht. Bei Hütten-

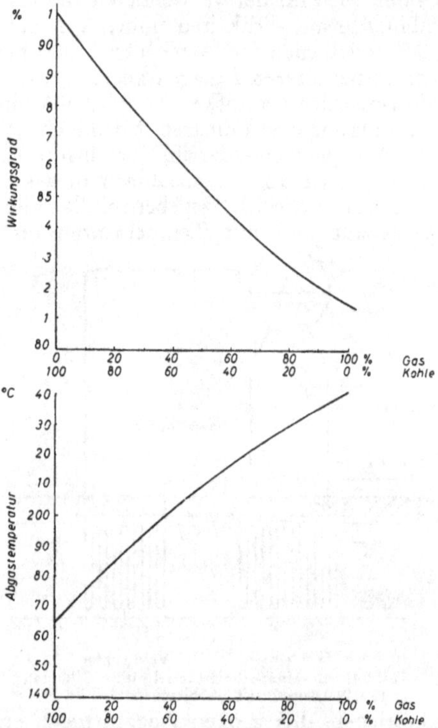

Bild 42. Wirkungsgrad und Abgastemperatur über Gichtgas- bzw. Kohleanteil eines Dampfkessels mit Verbundfeuerung

werksanlagen werden infolge der hier herrschenden besonderen Verhältnisse Betriebswirkungsgrade genannt, die über längere Zeitabschnitte mit allen Einbußen an Abblasen, Warmhaltung und Lastschwankungen für die gesamte Kesselanlage bei 70 % liegen.

Die Tabelle 1 gibt die von den verschiedenen Bauarten der Dampfkessel normal bei Bestlast erreichbaren Wirkungsgrade an. In Bild 42 sind die Wirkungsgrade und Abgastemperaturen einer Dampfkesselanlage mit Verbundfeuerung über den jeweilig gefahrenen Gichtgas- bzw. Kohleanteil aufgetragen.

224 Dampfturbinen

2241 Arbeitsverfahren

Bei der Kolbendampfmaschine drückt der expandierende Dampf unmittelbar auf den hin- und hergehenden Arbeitskolben. Die Energie in Wärmeform wird ohne weitere Umformung in mechanische Energie verwandelt.

Die Dampfturbine benötigt für diese Umwandlung zwei Stufen. In der ersten expandiert der Dampf aus einem Behälter in einer Düse und verläßt diese mit hoher Geschwindigkeit. Dadurch wird der Wärmeinhalt (Enthalpie) des Dampfes teilweise in Geschwindigkeits- (kinetische) Energie umgewandelt. Die im Dampfstrahl enthaltene Energie kann nun in zwei verschiedenen Arbeitsverfahren ausgenutzt werden.

Können sich Behälter und Düse frei bewegen, sind sie nach Bild 43 beispielsweise am Umfang eines Rades an-

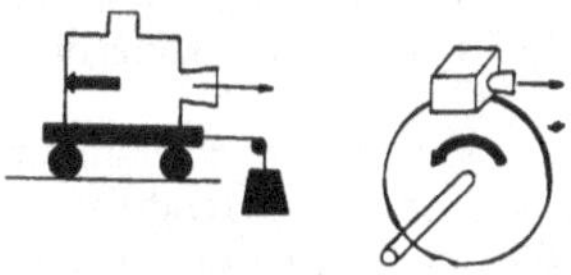

Bild 43. Schema Überdruckprinzip

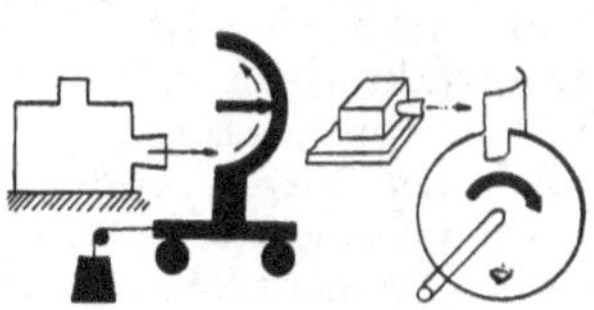

Bild 44. Schema Gleichdruckprinzip

gebracht und wird der Dampf durch die hohle Welle des Rades zugeführt, dann entsteht die idealisierte Überdruck-Turbine. Im Gleichgewichtszustand der Kräfte ist die Kraft, die in Umfangsrichtung wirkt und das Rad in eine Drehbewegung versetzt oder es darin hält, gleich der Kraft aus dem Produkt der Masse des in Gegenrichtung ausströmenden Strömungsmittels und dessen Geschwindigkeitsänderung beim Austritt. Die mechanische Energie, herrührend von der Drehbewegung, kann an der Welle abgenommen werden.

Bei der Gleichdruckturbine sind Behälter und Düse unbeweglich angeordnet (Bild 44). Der Dampfstrahl wird gegen Schaufeln gerichtet, die am Umfang eines Rades angebracht sind. Die bei der Umlenkung der Richtung des Dampfstrahles auftretende Impulsänderung übt einen Rückdruck auf die Schaufeln des Rades aus. Wiederum kann die mechanische Energie, herrührend von der Drehbewegung, an der Welle abgenommen werden.

Ausgeführte Überdruckturbinen expandieren den Dampf in Schaufelsystemen. Jedem im Gehäuse befestigten Leitsystem folgt ein mit dem Rad drehbewegliches Laufsystem. Beide Systeme wirken als Düsen. Das Diagramm (Bild 45) zeigt, wie der Dampfdruck im festen und bewegten Schaufelsystem fällt, während die absolute Geschwindigkeit (gemessen gegen den Erdboden) in dem festen Schaufelsystem steigt, im bewegten fällt. Das Verhältnis des im bewegten Schaufelsystem umgesetzten Wärmegefälles zum Gesamtwärmegefälle, das für eine Stufe vorhanden ist, wird Reaktionsgrad benannt.

Da vor dem bewegten Schaufelsystem ein höherer Druck vorhanden ist als hinter dem System, muß die Überdruckturbine voll beaufschlagt werden. Außerdem entsteht ein Axialschub.

Bei den Gleichdruckturbinen sind die feststehenden Düsen auf einem Ring angebracht, der Dampfstrahl trifft auf den Laufschaufelkranz am Radumfang (Bild 46). Der Dampf expandiert nur in den Düsen, der Druck vor und hinter den Schaufeln ist praktisch gleich, deshalb ist Teilbeaufschlagung möglich. Die Geschwindigkeit steigt in den Düsen und fällt im Laufschaufelkranz.

Das Gleichdruckverfahren nach Curtis dient zur Aufarbeitung großer Druck- und Temperaturgefälle mit zwei- oder dreikränzigen Laufrädern mit Geschwindigkeitsstufung (Bild 47). Vor dem Curtisrad wird das gesamte

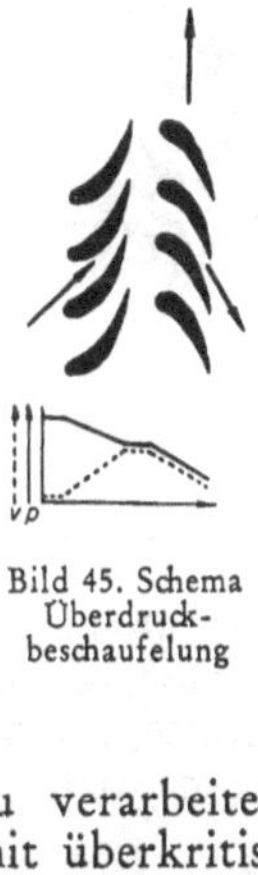

Bild 45. Schema Überdruckbeschaufelung

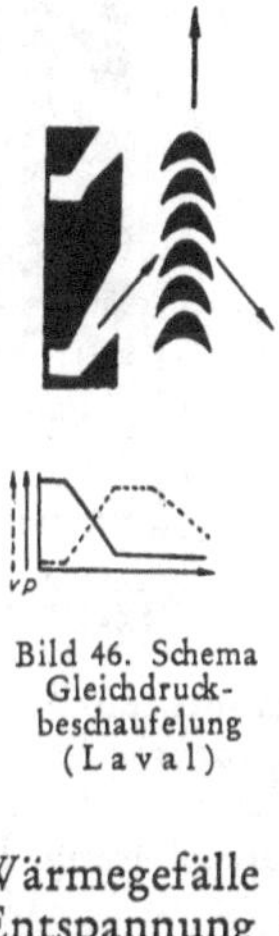

Bild 46. Schema Gleichdruckbeschaufelung (Laval)

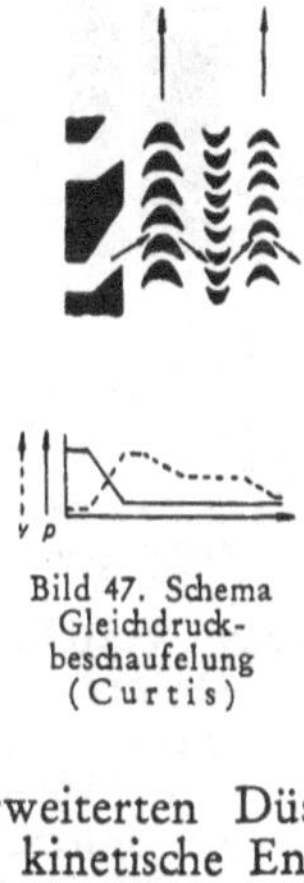

Bild 47. Schema Gleichdruckbeschaufelung (Curtis)

zu verarbeitende Wärmegefälle in erweiterten Düsen mit überkritischer Entspannung in die kinetische Energie des Dampfstrahles umgewandelt. Da auch hier Teilbeaufschlagung möglich ist, wird dieses Verfahren (Curtisstufe) in den ersten Stufen hochwertiger Turbinen als Regelstufe angewendet.

Das Gleichdruckverfahren nach Zoelly (Bild 48) mit Druckabstufung verarbeitet in jeder Stufe nur einen bestimmten Teil des gesamten Druckgefälles, und zwar in jeder Stufe ein Druckgefälle, das maximal gleich dem kritischen Druckgefälle ist. Es können dann einfache, nicht erweiterte Düsen verwendet werden.

Ausgeführte Turbinen können reine Überdruck- oder reine Gleichdruckturbinen sein oder beide Verfahren benutzen. Das Bild 49 zeigt das Schema einer gemischten Turbine. Hinter der Geschwindigkeitsabstufung sind Überdruckstufen angeordnet, von denen nur zwei angegeben

Bild 48. Schema Gleichdruckbeschaufelung (Zoelly)

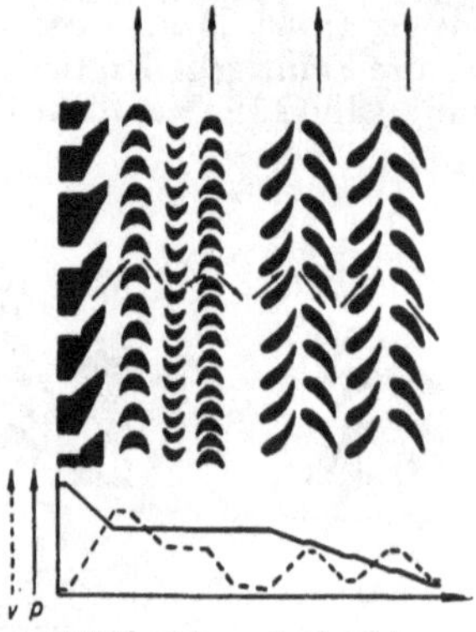

Bild 49. Schema Beschaufelung einer Turbine gemischter Bauart

werden. Vorteile der gemischten Bauart sind: Abbau der hohen Drücke und Temperaturen vor dem Gehäuse, das dadurch entlastet wird, Entlastung der Hochdruckstopfbuchse und, wegen der Teilbeaufschlagung, längere Schaufeln für die ersten Stufen.

2242 Bauarten

Außer nach diesem Arbeitsverfahren (Überdruck oder Gleichdruck) ergeben sich die unterschiedlichen Bauarten der Dampfturbinen nach der Betriebsart (Kondensations- oder Gegendruckturbine), nach der Art der Leistungsübertragung (in unmittelbarer Kupplung oder mittels Getriebe) und nach dem Dampfweg (Axial- oder Radialturbine).

Bei den Axialturbinen strömt der Dampf in axialer Richtung abwechselnd durch feststehende Düsen oder Leitschaufelreihen, danach durch die mit dem Rade oder Läufer umlaufende Laufschaufelreihen.

Axialturbinen werden als Gleichdruck- oder Überdruckturbinen oder in gemischter Bauform für größte Leistungen hergestellt (Bild 50).

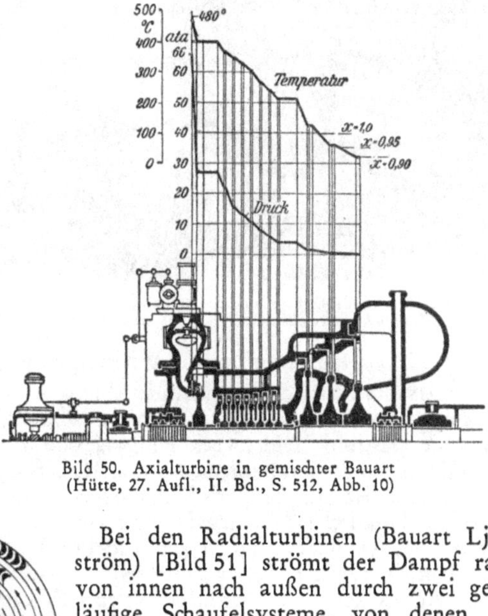

Bild 50. Axialturbine in gemischter Bauart (Hütte, 27. Aufl., II. Bd., S. 512, Abb. 10)

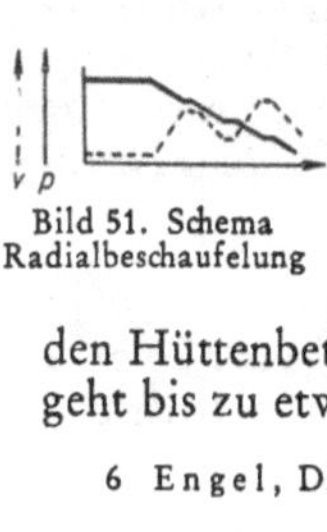

Bild 51. Schema Radialbeschaufelung

Bei den Radialturbinen (Bauart Ljungström) [Bild 51] strömt der Dampf radial von innen nach außen durch zwei gegenläufige Schaufelsysteme, von denen jedes einen Stromerzeuger antreibt. Die Laufschaufeln der einen Laufzeughälfte sind gleichzeitig die Leitschaufeln der anderen.

Die Radialturbine ist eine reine Überdruckturbine. Äußerst gedrungener Aufbau, einfache Fundamente, kurze Anfahrzeiten aus kaltem Zustand und Unempfindlichkeit gegen Belastungsschwankungen lassen sie für den Hüttenbetrieb geeignet erscheinen. Ihr Leistungsbereich geht bis zu etwa 40000 kW in einer Einheit (Bild 52).

Bild 52. Zweidruck-Kondensationsturbosatz, Bauart Ljungström (MAN-Druckschrift „Gegenlauf-Dampfturbinen", S. 46, Bild 61)

2243 Dampfverbrauch, Wirkungsgrade

Der Dampfverbrauch der Dampfturbinen ist außer von der Bauart von den Dampfverhältnissen abhängig, unter denen sie arbeiten. Die zweckmäßige Höhe von Frischdampfdruck und -temperatur ist zunächst festzustellen. Anschließend ist aus dem Mollier-is-Diagramm das verfügbare adiabatische Wärmegefälle Δi zwischen Anfangszustand des Dampfes und Abdampfdruck festzustellen. Der Dampfverbrauch der verlustfreien Maschine ergibt sich zu $860/\Delta i$ kg/kWh. Der effektive tatsächliche Dampfverbrauch der Turbine, bezogen auf die an der Kupplung abgegebene Arbeit, ist aus dem thermo-dynamischen Wirkungsgrad zu errechnen, der heute von den verschiedenen Bauformen der Turbinen unter den jeweiligen Dampfverhältnissen bei Bestlast und einwandfreiem Zustand der Maschine mindestens die in der Tabelle 2 angegebenen Werte erreichen soll.

225 Kondensationsanlage

Die Kondensation der Dampfturbine ist in der Regel als Oberflächenkondensation gebaut. Sie stellt zunächst das zur Vergrößerung des nutzbaren Wärmegefälles notwendige Vakuum her. Ihre besonderen Aufgaben sind: Erzeugung von hohem Vakuum, warmem Kondensat, sauerstofffreiem Kondensat und gute Kühlung der Luft.

Für Anlagen, die mit Rückkühlung des Kühlwassers betrieben werden, wird bei einer Kühlwassertemperatur von 25° C (Eintritt) mit einem Abdampfdruck von 0,06 kg/cm² gerechnet bei unmittelbarem Anschluß der Turbine an den Kondensator und Normallast. Die Kühlwassermenge beträgt dabei etwa das siebzigfache der Abdampfmenge.

Bei Frischwasserkühlung mit 12° C (Eintritt) ist der Abdampfdruck 0,03 kg/cm². Es können u. U. höhere Werte des Vakuums bei entsprechend größerer Kühlfläche und einer Kühlwassermenge bis zum Hundertfachen der Abdampfmenge erreicht werden.

Das Kondensat soll nur soweit abgekühlt werden, wie es eine vollständige Kondensation des Dampfes erfordert, damit das Kondensat, das dem Dampfkessel wieder zugeführt wird, in Anbetracht seiner späteren Verdampfung noch einen möglichst großen Wärmeinhalt behält.

Um die Korrosionsgefahr der empfindlichen Hochdruckkessel herabzusetzen, muß das Kondensat vor der Wiederverwendung von Luft (Sauerstoff) befreit werden. Die Kondensatorkonstruktion muß es deshalb ermöglichen, die unvermeidlich anfallende Luft so weit zu unterkühlen, daß sie von der Luftpumpe in dem auch bei hohem Vakuum erforderlichen kleinen Volumen abgeführt werden kann.

226 Wirtschaftlichkeit

Bei der Wahl verschiedener Möglichkeiten der Kraftversorgung spricht gute und wirtschaftliche Regelmöglichkeit zugunsten der Dampfkraftanlage. Gegenüber der wirtschaftlichen Bestlast kann sie ohne zu starken Wirkungsgradabfall bis zu einer gewissen Grenze dauernd oder stoßweise stärker belastet werden. Die Dampfkesselanlage ermöglicht weiter durch die Anordnung von Verbund-Feuerungsanlagen, die sowohl Gichtgas als auch bei Gichtgasmangel Kohle oder Heizöl verbrennen können, einen guten Ausgleich in der Gaswirtschaft.

Andererseits benötigt die Dampfkraftanlage eine beträchtliche Kühlwassermenge für die Kondensationsanlage. Die Kühlwassermenge beträgt etwa das 60 bis 70-fache des niederzuschlagenden Dampfgewichtes, das sind etwa 250 bis 300 kg/kWh. Sofern Frischwasser als Flußwasser nicht zur Verfügung steht, müssen Rückkühlwerke aufgestellt werden, die erhebliche zusätzliche Anlagekosten bedingen.

Hüttenkraftwerke erzielen selbst bei bester Anlage und bei bester Betriebsführung nicht den Wärmeverbrauch für die kWh wie Kraftwerke für die öffentliche Stromversorgung, die mit hoher Grundlast betrieben werden. Diese erzielen einen Wärmeverbrauch bis zur Schalttafel, der z. T. weit unter 3000 kcal/kWh liegt. Für Hüttenkraftwerke werden als Dampfkraftanlagen Werte von etwa 4500 kcal/kWh genannt.

23 Verbrennungskraftmaschinen

231 Aufbau

Die Großgasmaschine für Gichtgas ist frühzeitig, bereits um die Jahrhundertwende, betriebstüchtig gewesen und konnte laufend bis in die jüngste Zeit hinein verbessert werden. In vielen Hüttenwerken ist sie heute noch wegen ihrer Wärmewirtschaftlichkeit die beherrschende Kraftmaschine. Als Brennstoff kommt für die Großgasmaschine hauptsächlich fein gereinigtes Gichtgas, ausnahmsweise auch Koksofen- oder Koksgeneratorgas in Betracht.

Die deutschen Großgasmaschinen werden heute — von Ausnahmen abgesehen — in liegender, doppelt wirkender Bauart, nach dem von Otto und Langen eingeführten Viertaktverfahren arbeitend, hergestellt. Das Zweitaktverfahren spielt kaum noch eine Rolle, weil der Spülvorgang mit scharfer Trennung von Spülluft und Gasgemisch nicht beherrscht werden kann und daher Gasverluste und erhöhter Wärmeverbrauch nicht zu vermeiden sind.

Beim Viertaktverfahren verwendet man die allgemein bekannte Nürnberger Bauart als Grundform (Bild 53).

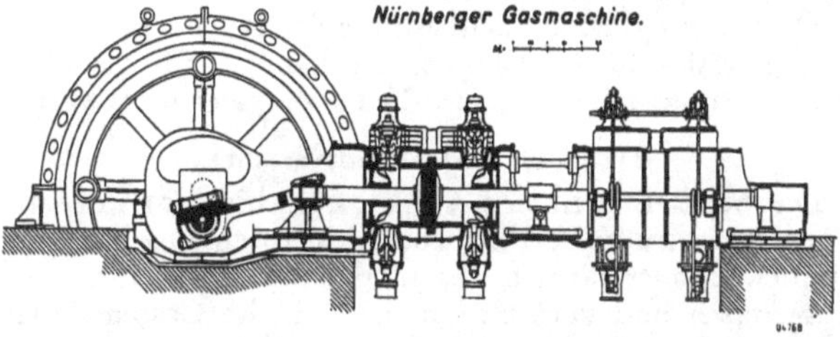

Bild 53. Gasmaschine DT 15, 5000 PS (MTZ 1954, S. 206, Bild 2)

Erheblich höhere Drehzahlen (214 U/min statt 94 U/min) läßt die von der Maschinenfabrik Augsburg-Nürnberg A. G. (MAN) entwickelte S-Bauart der Großgasmaschine zu. Bei dieser wird ein vollkommener Ausgleich der Massenkräfte erster und zweiter Ordnung erzielt.

Die Ausführungen der Hersteller weichen natürlich in Einzelheiten von der Grundform ab. Die Zylinder werden einteilig, bei größeren Abmessungen mehrteilig mit harter, direkt gekühlter Laufbuchse ausgeführt. Der Übergang zu geschweißten Stahlzylindern kennzeichnet die Entwicklung der letzten 20 Jahre. Mit der Hubtaktschmierung wird der Verschleiß und Ölverbrauch vermindert.

Die Einlaßsteuerung vereinigt in einem Ventil Einlaß- und Mischorgane. Die Regelung der Maschine, die früher nur auf Änderung der Mischung von Gas und Luft wirkte (Qualitätsregelung), ändert heute häufiger die Menge an Gemisch, das in seiner Zusammensetzung nur wenig geändert wird (Quantitätsregelung).

Bezüglich des Verdichtungsverhältnisses ist man an bestimmte Grenzen gebunden, um namentlich bei größerem Wasserstoffgehalt die Selbstzündung des Gemisches und übergroße Beanspruchung des Triebwerkes durch hohe, dabei auftretende Gasdrücke zu vermeiden.

Selbsttätige Zündverstellung in Abhängigkeit von Belastung und Drehzahl kann zur Unterstützung der Regelvorgänge angewandt werden.

Die Leistung der Einzelmaschine der Nürnberger Bauart beträgt (500) 1000—8000 PS. Sie kann durch die Mittel zur Leistungssteigerung um 20 bis 40 % erhöht werden.

232 Spül- und Aufladeverfahren

Die bei der normalen Großgasmaschine im normalen Verdichtungsraum verbleibenden Verbrennungsgase verdünnen und erwärmen das in den Zylinder eintretende Gasgemisch und vermindern dadurch die Gasmaschinenleistung. Beim Spül- und Aufladeverfahren werden gegen Ende des Auspuffhubes die Verbrennungsgase durch Spülluft von 0,25 bis 1,3 atü hinausgespült. Gegen Ende des nachfolgenden Ansaughubes wird dann in das Gasüberschuß enthaltende Gemisch Druckluft nachgedrückt. Hierdurch wird der Verdichtungsraum für die Ladung gewonnen und die Temperatur des angesaugten Gemisches herabgesetzt. Entsprechend dem größeren Gewicht der Ladung steigt der mittlere indizierte Druck von etwa 4,6 bis 5,3 kg/cm^2 bis auf 6 kg/m^2 und mehr, was die Normalleistung um etwa 20 bis 30 % erhöht.

233 Abwärmeverwertung

Auf den Hüttenwerken ist neben dem Gasmaschinenbetrieb eine ausgedehnte Dampfkraftwirtschaft vorhanden. Hier ersetzt der in den Gaskraftanlagen durch Verwertung der Abwärme erzeugte Dampf einen entsprechenden Teil des Dampfes, der sonst in unmittelbar befeuerten Kesseln hergestellt werden müßte.

2331 Abhitzekessel

Die Abgase verlassen die Gasmaschine mit 400° bis 700° C, Temperaturen, mit denen man überhitzten Dampf bis zu 20 kg/cm^2 wirtschaftlich erzeugen kann.

In Abhitzekesseln wird die fühlbare Wärme der Abgase bis auf 150° bis 200° C ausgenutzt. In Abhitzekesseln, als

Rauchrohrkessel gebaut, können für 1 PSh rund 1 kg Dampf von meist 12 bis 15 kg/cm² und 300 ° C bis 400° C erzeugt werden. Neuzeitliche Bauart der Abhitzekessel mit Kühleinsatz hinter der Gasmaschine vor Eintritt der Gase in die Auspuffleitung nach La Mont o. ä. (Bild 54)

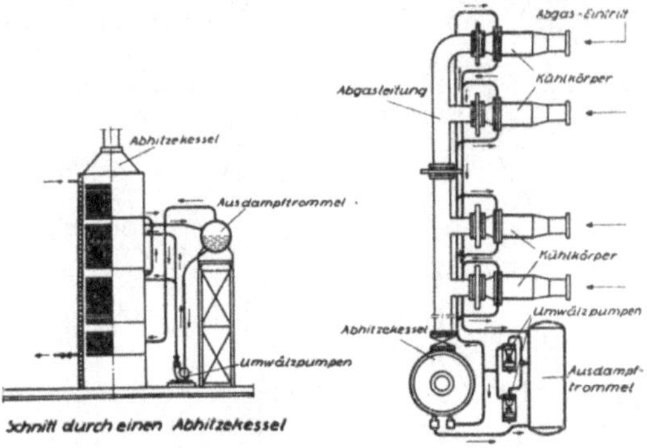

Bild 54. La-Mont-Abhitzekessel hinter Gasmaschine

ergibt eine Schonung der Auspuffleitung, da die Abgase mit niederer Temperatur eintreten.

2332 Heiß- und Siedekühlung

Zur Kühlung der Zylinder, Kolben und Kolbenstangen müssen erhebliche Wärmemengen (bis zu 30 % der zugeführten Wärmemenge) abgeführt werden. Solange das Kühlwasser mit geringerer Temperatur abfließt, ist eine wirtschaftliche Wiedergewinnung der Wärme nicht möglich. Zur wirtschaftlichen Verwendung muß durch Heiß- und Siedekühlung die Temperatur des Kühlwassers so weit gesteigert werden, wie es die sichere Beherrschung der Verbrennung und die Haltbarkeit der Werkstoffe zulassen.

Bei der Heißkühlung setzt man das Kühlwasser unter so hohen Druck, daß bei der höheren Temperatur in den Kühlräumen keine Dampfbildung auftritt. Bei der Siedekühlung läßt man die Dampfbildung in den Kühlräumen zu und sorgt dafür, daß der Dampf schnell abgeführt wird.

234 Wirtschaftlichkeit

Den Wärmefluß einer doppelt wirkenden Viertaktmaschine (DT 15) mit Abhitzeverwertung bei Bestlast zeigt Bild 55. Ohne Spülung und Aufladung werden in

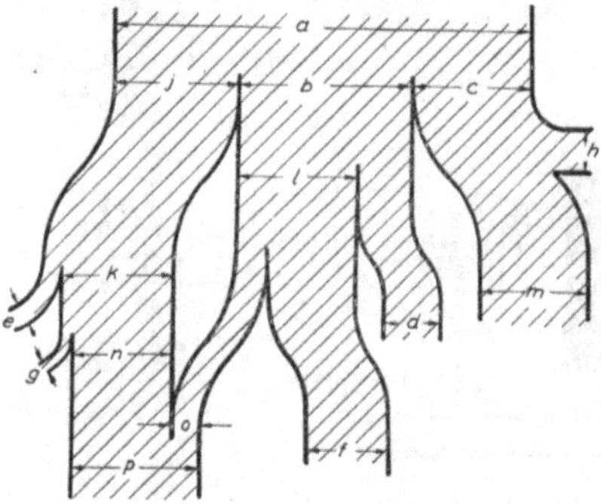

a Wärmezufuhr zum Gaszylinder 100 %
b Wärme in den Auspuffgasen und Strahlungsverluste 41,4 %
c Wärme im Kühlwasser 27 %
d Wärmeverlust im Abgas durch Leitung und Strahlung 13,8 %
e Reibungsarbeit der Gasmaschinen 4,7 %
f Verluste in der Turbodynamo 20,8 %
g Gesamt·Verluste in der Turbodynamo 1,9 %
h Verluste 9,5 %
J Indizierte Arbeit im Gaszylinder 31,6 %
k Arbeit an der Welle 26,9 %
l Dampferzeugung im Abhitzekessel 27,5 %
m für Heißwasser oder Minderdruckdampferzeugung 17,5 %
n Arbeit an den Klemmen der Dynamo 25 %
o Arbeit an den Klemmen der Turbodynamo 6,7 %
p Gesamtelektrische Arbeit 31,7 %

Bild 55. Wärmefluß bei einer doppeltwirkenden Viertakt-Gasmaschine ohne Spülung und Nachladung

Gasmaschine und Turbodynamo etwa 32 % der Wärmezufuhr als elektrische Arbeit an den Klemmen des Generators nutzbar gemacht. Das entspricht einem Aufwand von 2700 kcal/kWh. Bei Heißkühlung können noch weitere 17,5 % der zugeführten Wärme für Heißwasser- oder Niederdruck-Dampferzeugung nutzbar gemacht werden.

Mit Spülung und Aufladung erhöhen sich die Werte auf 33,5 % entsprechend 2570 kcal/kWh, während der Anteil für Speisewasser- oder Niederdruck-Dampferzeugung auf 13,5 % zurückgeht.

Als Kraftmaschine zum Antrieb von elektrischen Stromerzeugern oder in direkter Kupplung mit Hochofen- oder Stahlwerks-Kolbengebläsen hat die Großgasmaschine infolge ihrer Wärmewirtschaftlichkeit heute trotz hoher Anlagekosten ihre Bedeutung behalten.

Der Ersatz bestehender, noch brauchbarer Viertakt-Gasmaschinen durch Turbinen wird nicht für lohnend gehalten, wie die Entwicklung nach dem 2. Weltkrieg beweist.

Die Gasmaschine benötigt schwere Fundamente und hat hohen Platzbedarf. Die Wartungskosten durch die in verhältnismäßig kurzen Zeitabständen fällige Reinigung, die Reserveteilhaltung und der Schmierölverbrauch sind nicht unerheblich. Sie ist ausschließlich auf Gichtgas als Brennstoff angewiesen und kann bei Gichtgasmangel nicht auf andere Brennstoffe ausweichen. Im Gegensatz zur Dampfkraftanlage benötigt sie jedoch erheblich geringere Kühlwassermengen. Bei Wertung aller Faktoren hat die Gasmaschine in ihrer Bedeutung bei Neuanlagen gegenüber der Dampfkraftanlage und Gasturbinenanlage verloren.

24 Gasturbinen

241 Allgemeines

Die Gasturbine als Kraftmaschine hat gegenüber den anderen Kraftmaschinen eine verhältnismäßig kurze Entwicklungszeit aufzuweisen. Betriebserfahrungen mit derartigen Maschinen in Kraftwerksanlagen erstrecken sich erst auf wenige Jahre. Auf dem Gebiet der Luftfahrt nimmt die Gasturbine dagegen heute eine überragende Stellung ein. Nach K. Jaroschek (ZVDI 1953 S. 729) besitzt die Luftflotte einer modernen Großmacht eine installierte Leistung, die das Vielfache der gesamten in den öffentlichen Kraftwerken und Industriewerken installierten Leistung der Bundesrepublik Deutschland ist.

Unter Gasturbinen versteht man sowohl mit Brenngasen (Brenngasturbine) als auch mit Luft beaufschlagte (Luftturbine) Turbinen. Die Führung des Prozesses ist hierbei unterschiedlich.

Im Anfang der Entwicklung stand die Holzwarth-Turbine mit Gleichraumverbrennung in einer geschlossenen Brennkammer. Sie wurde durch die Gleichdruckturbine verdrängt, bei der eine stetige Verbrennung mit konstantem Druck bei stetigem Durchfluß durch die Brennkammer stattfindet.

242 Offener und geschlossener Prozeß

Man unterscheidet grundsätzlich zwischen dem offenen, dem geschlossenen und, als Zwischenstufe dieser beiden Möglichkeiten, dem halboffenen Kreislauf.

Bei dem offenen Kreislauf wird die Luft aus der Atmosphäre angesaugt, in einem Kompressor verdichtet, mit Brennstoff verbrannt und der Turbine zugeführt, in der die Brenngase arbeitverrichtend expandieren (Bild 56).

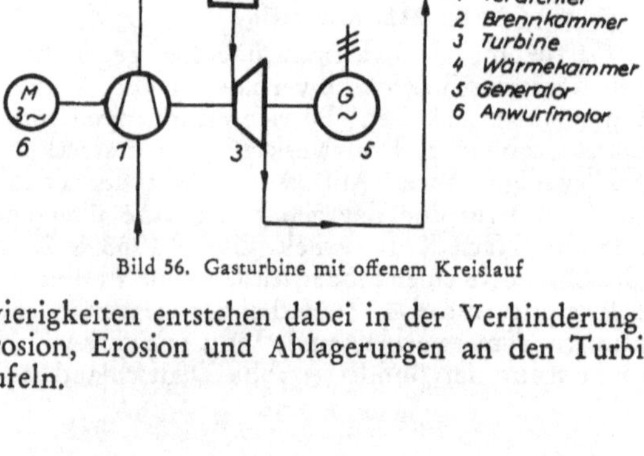

Bild 56. Gasturbine mit offenem Kreislauf

Schwierigkeiten entstehen dabei in der Verhinderung von Korrosion, Erosion und Ablagerungen an den Turbinenschaufeln.

Bei dem geschlossenen Kreislauf (Heißluftturbine) wird die innere Verbrennung in der Brennkammer durch die äußere Verbrennung ersetzt (Bild 57). Es läuft im wesent-

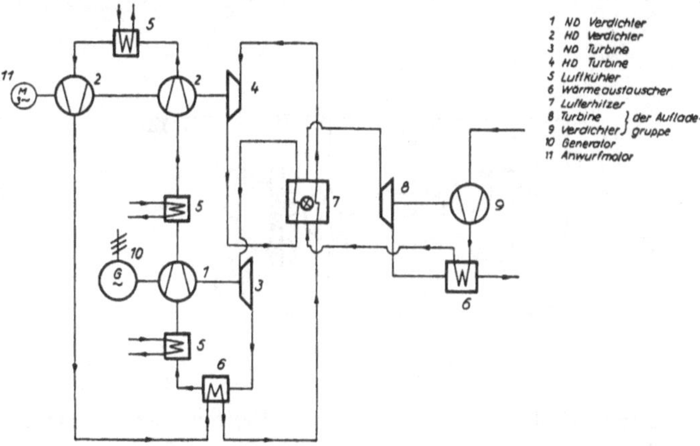

Bild 57. Gasturbine mit geschlossenem Kreislauf

lichen dieselbe Luftmenge um, der die Wärme durch einen besonderen Lufterhitzer von außen her zugeführt wird, ohne daß der Brennstoff mit dem Wärmeträger, der Luft, in Berührung kommt.

Vergleicht man beide Arbeitsverfahren, den offenen Kreislauf und den geschlossenen, so ergeben sich bei offenem Kreislauf Anlagen mit geringerem Baugewicht, größerer Einfachheit und besseren Entwicklungsmöglichkeiten zu höheren Temperaturen. Der geschlossene Kreislauf kann jeden Brennstoff verwenden, ergibt keine Verunreinigungen in der Turbine und besonders gute Wärmeübergangsverhältnisse in den Wärmeaustauschern. Der geschlossene Kreislauf dürfte überwiegend wohl solchen Brennstoffen vorbehalten sein, die vorläufig die Verbrennung im offenen Kreisprozeß, bei der mit starker Verschmutzung durch die Brenngase zu rechnen ist, nicht erlauben (Kohle und Heizöle mit hohem Asche- und Salzgehalt).

243 Aufbau

Bild 58 zeigt das Schema einer Gasturbinenanlage als Gleichdruckturbine (Brenngasturbine) im offenen Prozeß

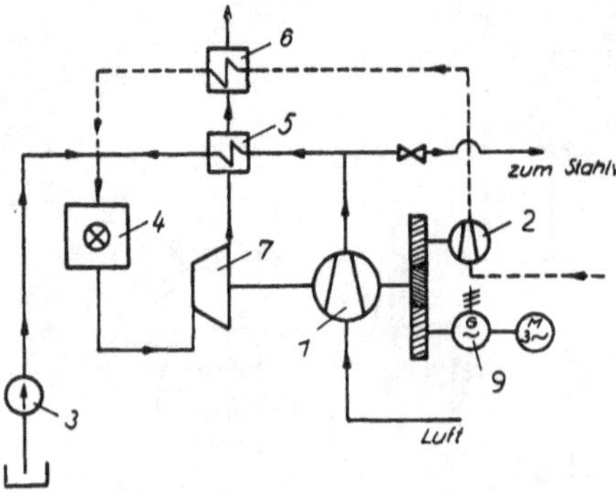

Bild 58. Schema einer Gasturbinenanlage

arbeitend. Die Anlage dient sowohl zur Erzeugung elektrischer Energie als auch zur Erzeugung von Druckluft für das Stahlwerk oder Wind für das Hochofenwerk. Die elektrische Leistung kann zugunsten der Verdichtung bis auf 0 zurückgefahren werden.

Der Luftverdichter 1 saugt Luft aus der Atmosphäre an und drückt sie durch den Luftvorwärmer 5 zur Brennkammer 4. Vom Gasverdichter 2 wird Gichtgas mit der für Gaskolbenmaschinen üblichen Reinheit, d. h. Staubgehalt von etwa 4 mgr/Nm^3 (wasserdampfgesättigt), angesaugt, verdichtet und über den Gasvorwärmer 6 zur Brennkammer gedrückt. Bei Gichtgasmangel kann das Aggregat durch Zusatz von Heizöl, das über die Pumpe 3 dem kombinierten Brenner für Gichtgas und Heizöl zugedrückt wird, in Betrieb gehalten werden. Die Brenngase expandieren arbeitverrichtend in der Turbine 7, durchströmen die Vorwärmer 5 und 6 und werden in die freie Atmosphäre ausgestoßen. Die Nutzleistung ist die vom Gebläse 1 und vom Generator 9 an den Betrieb abgegebene Wind- und elektrische Leistung. Sie ist die Differenz der

Leistungen der Turbine 7 einerseits und des Gasverdichters 2 sowie des Luftverdichters 1 andererseits.

Das Aggregat muß ebenso wie ein Verbrennungsmotor angeworfen werden. Das geschieht mit einem Schleifringmotor, der das Aggregat auf etwa $^1/_3$ der Nenndrehzahl beschleunigt. Mit zunehmender Drehzahl kann dann die Turbine in steigendem Maße das Aggregat weiter auf Nenndrehzahl beschleunigen.

244 Wirtschaftlichkeit

Die Wirtschaftlichkeit einer Gasturbinenanlage hängt in hohem Maße von dem Wirkungsgrad der Turbine und des Verdichters ab. Nur etwa $^1/_3$ der Turbinenleistung ist Nutzleistung, d. h. der Leistungsbedarf des Verdichters beträgt fast das Doppelte der Nutzleistung. Der Gasturbinenprozeß ist daher wirtschaftlich nur von Verdichtern und Turbinen mit sehr hohen Wirkungsgraden durchzuführen. Jede Verschlechterung der Wirkungsgrade schmälert die Nutzleistung. Die Gasturbinenanlage kann die Nutzleistung in Form von elektrischer Energie, in Form von Druckluft für den Hochofen oder das Stahlwerk, oder in einer Verbindung mit beiden Energieformen abgeben.

Wird die Nutzleistung in Form von Druckluft oder in Verbindung von Druckluft und elektrischer Energie abgegeben, dann kann der Verdichter der Gasturbinenanlage für größeren Luftdurchsatz gebaut werden und demgemäß mit besserem Wirkungsgrad arbeiten, da der Wirkungsgrad von Verdichtern mit größer werdender durchgesetzter Luftmenge steigt.

Es besteht also eine große Verwandtschaft zwischen den Aufgaben im eigentlichen Gasturbinenprozeß und den Aufgaben der Hochofen- oder Stahlwerks-Windverdichtung und der Winderwärmung. Da die Gasturbine sowohl mit Gichtgas als auch mit Heizöl betrieben werden kann, kann sie in den verschiedenen Arbeitsverfahren bei Gichtgasmangel zugleich zum Ausgleich der Gaswirtschaft dienen. Im Hüttenwerksbetrieb eröffnen sich ihr daher die besten Aussichten.

Wie bei allen thermischen Kraftanlagen sind die erreichbaren thermischen Wirkungsgrade in erster Linie von den Temperaturen vor Eintritt des Wärmeträgers in die Turbine abhängig. Weiterhin werden sie von der Temperatur der Kaltluft und des Kühlwassers für den Verdichter beeinflußt.

Je nach Bauaufwand werden heute für Anlagen ohne Wärmeaustauscher mit einstufiger Verdichtung und Entspannung thermische Wirkungsgrade von 18 bis 22% genannt, die auf die Turbinenkupplung bezogen sind. Durch Wärmeaustauscher, teilweise auch durch Zwischenerhitzung und Zwischenkühlung, sollen sie auf 28 bis 35% gesteigert werden können.

3. Maschinen zur Windversorgung

31 Allgemeine Übersicht

Im Hochofenwerk wird täglich für die Erzeugung von Thomasroheisen unter Verwendung des „normalen" Ruhrmöllers gewichtsmäßig fast so viel Wind benötigt, wie die Summe des Gewichtes der festen Rohstoffe (Erz, Koks, Kalkstein). (Siehe: Tagesumsatz der Stoffmengen Bild 3.)

Der Wind wird in Winderhitzern nach Cowper auf 700 bis 1000° C vorgewärmt und mit Gebläsen durch die „Blasformen" (Winddüsen) in das Gestell des Hochofens gedrückt. Überschläglich wird die benötigte Windmenge an den Formen des Hochofens mit dem 0,7fachen der Gichtgasmenge in Nm³ angegeben. Der Winddruck hängt von der Höhe des Hochofens und der Art der Beschickung ab. Er liegt normal zwischen 0,85 und 1,2 atü und kann bei Störung des Ofenganges, „Hängen" der Beschickung bei verringerter Windmenge, auf höhere Werte (1,2 bis 1,5 atü) ansteigen. Die neueste Entwicklung will den Hochofen geschlossen mit einem Winddruck bis zu 6 atü betreiben. Die Heißwindleitungen werden so angeordnet, daß entweder jeder Ofen ein eigenes Gebläse erhält, oder daß mehrere Öfen von einer gemeinsamen Windleitung versorgt werden.

Das flüssige Thomasroheisen wird im Thomaswerk in Konvertern dadurch in Thomasstahl umgewandelt, daß Wind durch das flüssige Roheisen hindurchgeblasen wird (Windfrischverfahren). Der zuzustellende, in Horizontalstellung „umgelegte“ Konverter wird zunächst mit gebranntem Kalk beschickt und dann das Roheisen eingegossen. Bevor der gefüllte Konverter in die Blasstellung aufgerichtet wird, muß das Einblasen von Wind in den Nadelboden des Konverters beginnen.

Konverter haben bei Neuzustellung ein Fassungsvermögen von 10 bis 45 t. Die Windmenge für eine Charge richtet sich nach dem Gewicht, der Analyse und der Temperatur des eingesetzten Roheisens. Der Windverbrauch wird mit 250 bis 340 Nm^3/t Stahl angegeben und liegt damit gewichtsmäßig bei etwa 25 bis 30 % des Gewichtes der festen und flüssigen Einsätze. Der Winddruck zur Überwindung der Flüssigkeitssäule (des flüssigen Eisenbades) richtet sich nach den Eigenschaften des Roheisens (RE-Temperatur) und nach der Badhöhe (bzw. dem freien Umlaufquerschnitt). Hinzu kommt der Druck, der zur Überwindung des Widerstandes der strömenden Luft in den Rohrleitungen und Nadel-(Düsen)boden des Konverters benötigt wird. Der Winddruck liegt im allgemeinen zwischen 1.5 bis 2,6 atü. Zu hoher Winddruck führt zum Auswurf. Die Blaszeit wird mit 0,5 bis 1 min/t Stahl, bei älteren Anlagen mit 0,8 bis 1,5 min/t Stahl angegeben. Da meist mehrere Konverter in Betrieb sind, hängt die Größe der Gebläsemaschine von der Höhe des Winddruckes und von der betrieblichen Anforderung an die Höchstwindmenge ab, wenn z. B. zwei Konverter gleichzeitig geblasen werden und ein Konverter warm geblasen wird.

311 Die Gebläsebauarten

Ungekühlte Verdichter, bei denen die Verdichtung nicht durch Kühlung beeinflußt wird, werden Gebläse genannt. Angesichts der großen Luftmengen, die in Hüttenwerksbetrieben bei geringen Enddrücken und somit geringen Druckverhältnissen benötigt werden, kommen von den vielen bekannten Bauformen der Gebläse praktisch nur Kolbengebläse oder Kreiselgebläse in radialer oder achsialer Bauart in Frage, mit denen allen Ansprüchen von Seiten des Betriebes mit Bezug auf Windmenge und Druck genügt werden kann.

Der Leistungsbereich der Kolbengebläse ist durch die Abmessungen der Gebläsezylinder und die Grenzleistung der zu ihrem Antrieb notwendigen Gasmaschine begrenzt.

Der Leistungsbereich der Kreiselmaschinen ist bei Radialgebläsen durch die Herstellungsmöglichkeiten der großen geschmiedeten Laufscheiben und ihre Beanspruchung durch die Zentrifugalkräfte begrenzt. Dabei ergeben sich Grenzleistungen, für die in Hüttenbetrieben ein Bedarf im allgemeinen nicht vorliegt. Axialgebläse lassen noch größere Leistungen bis zu 800 000 m^3/h und Druckverhältnis 5 in einem Gebläse zu.

312 Berechnung der Verdichtungsarbeit

Unter der Liefermenge Q_λ des Gebläses versteht man die hinter dem Druckstutzen des Gebläses gemessene Luftmenge in der Zeiteinheit (Liefervolumenstrom), umgerechnet auf den tatsächlichen Ansaugzustand mit dem Gesamtdruck p_a und der Temperatur t_a. Der Liefervolumenstrom Q_λ wird entweder auf den tatsächlichen Ansaugzustand bezogen oder in Normalkubikmeter (Nm^3/h) angegeben.

Zur Umrechnung des tatsächlichen Ansaugezustandes (Betriebszustand) der Luft auf den Normalzustand (0° C, 760 Torr) oder umgekehrt dient die Gleichung

$$V_o\,[Nm^3] = V_t \frac{273}{273 + t} \cdot \frac{b + p_t}{760} \cdot \frac{0{,}804}{0{,}804 + fo}$$

$$= \frac{0{,}2888\,(b + p_t)}{(273 + t)\,(0{,}804 + fo)}.$$

Darin bedeuten

V_o	$[Nm^3\,tr]$	= trockenes Normvolumen der Luft
V_t,	$[m^3 f]$	= feuchtes Betriebsvolumen der Luft
b	[Torr]	= äußerer Luftdruck
p_t	[Torr]	= Überdruck des Gases im Betriebszustand (1 mm WS = 1 kg/m^2 = 0,0736 Torr)
t	[°C]	= Gastemperatur im Betriebszustand
fo	$[kg/Nm^3\,tr]$	= Feuchtigkeitsgehalt der Luft im Betriebszustand, bezogen auf Normalzustand in kg/Nm^3 tr, d. h. *fo* ist die Feuchtigkeit in kg, die auf 1 Nm^3 tr entfällt.

Für den Hochofen- oder Stahlwerksprozeß wird der erforderliche Wind mit verhältnismäßig geringem Druck benötigt. Außerdem wird der Wind mit hoher Temperatur eingeblasen, so daß die bei der Verdichtung des Windes entstehende Wärme dem nachgeschalteten Prozeß voll zugute kommt. Die Verdichtung kann daher adiabatisch, d. h. ohne Wärmezufuhr oder -abfuhr erfolgen, soweit die höheren Temperaturen das einwandfreie Arbeiten des Verdichters nicht beeinträchtigen. Im Gegensatz dazu strebt man bei der Verdichtung auf höhere Verdichtungsverhältnisse die isotherme Verdichtung, d. h. die Zustandsänderung bei konstanter Temperatur, an. Die adiabatische Verdichtung erfordert höheren Arbeitsaufwand als die isotherme. Dieser höhere Arbeitsaufwand kommt dem nachgeschalteten Prozeß in Wärmeform zugute und kann daher zugelassen werden.

Die Wirkungsgrade der Gebläse werden auf die adiabatische Verdichtungsarbeit als die ideale, d. h. die verlustfreie Arbeit, bezogen. Ist der Ansaugevolumenstrom Q_a das in der Zeiteinheit tatsächlich angesaugte und zu verdichtende Luftvolumen, d. h. ist das Volumen vom Anfangszustand unter Berücksichtigung der Feuchtigkeit in Form von Wasserdampf und das Druckverhältnis p_e/p_a gegeben, dann errechnet sich der theoretische Leistungsbedarf des Gebläses N_{ad} in PS aus der Gleichung

$$N_{ad}\,[PS] = \frac{p_a \cdot Q_a}{27} \cdot \frac{\varkappa}{\varkappa - 1}\left[\left(\frac{p_e}{p_a}\right)^{\frac{\varkappa - 1}{\varkappa}} - 1\right]$$

hierin: Q_a [m³/h]

p_a; p_e [kg/cm²].

Da Luft praktisch ein zweiatomiges Gas ist, wird in dieser Gleichung $\varkappa = 1{,}4$ und somit

$$N_{ad}\,[PS] = \frac{p_a \cdot Q_a}{27} \cdot 3{,}5\left[\left(\frac{p_e}{p_a}\right)^{0{,}286} - 1\right].$$

Der Leistungsbedarf des Verdichters an der Kupplung (N_K) ist um die unvermeidlichen Verluste durch Reibung, Strömungswiderstände, Drosselung u. a. in der Maschine größer als der theoretische Leistungsbedarf aus der Adiabate N_{ad}. Das Verhältnis N_{ad}/N_K ergibt den adiabatischen Kupplungswirkungsgrad

$$\eta_{ad-K} = N_{ad}/N_K.$$

Es ist kaum damit zu rechnen, daß sich bei den im Hochofen- und Stahlwerksbetrieb vorwiegend zur Verwendung kommenden Gebläsen mit Bezug auf den Verdichtungsprozeß in absehbarer Zeit viel verbessern läßt. Die betriebsmäßig zu erreichenden besten Wirkungsgrade (optimale Wirkungsgrade) der verschiedenen Gebläsebauarten in ihren verschiedenen Leistungsstufen sind daher aus der Erfahrung bekannt und können angegeben werden.

32 Kolbengebläse

321 Aufbau

Als Beispiel einer neuzeitlichen Konstruktion ist im folgenden eine liegende doppeltwirkende Viertakt-Kolbengasmaschine mit Gebläse in der klassischen Bauart der Maschinenfabrik Augsburg-Nürnberg behandelt.

Das Hochofen- oder Stahlwerksgebläse (Bild 59) wird in direkter Kupplung von der Gasmaschine angetrieben.

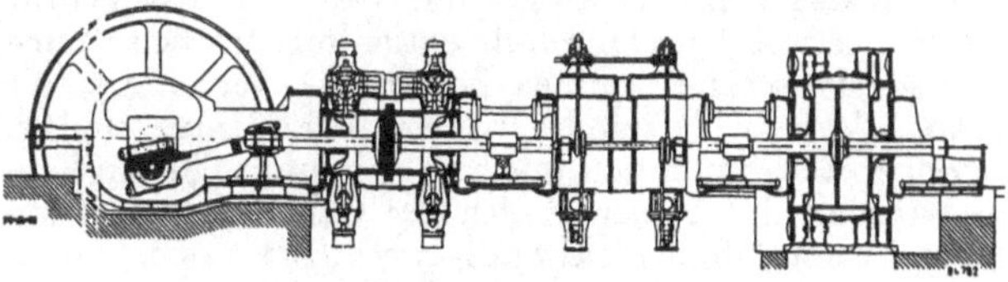

Bild 59. Schnitt Gasmaschine mit Gebläse
(MAN-Druckschrift „Großgasmaschinen", Bild Nr. 04782)

Der Gebläsezylinder liegt in derselben Achse hinter den beiden Kraftzylindern (Tandemanordnung). Die Kolbenstangen der Kraftkolben und des Gebläsekolbens sind starr mit lösbaren Kupplungen miteinander verbunden. Die verfügbare Arbeit im Kraftzylinder wird unmittelbar in die Verdichtungsarbeit im Gebläsezylinder umgewandelt. Nur der während einer Umdrehung unvermeidlich sich ergebende Unterschied von abgegebener und aufgenommener Arbeit wird über das Triebwerk und das Schwungrad als Energiespeicher ausgeglichen.

Je nach der verlangten Leistung werden diese Maschinen mit der Typenbezeichnung DTG in einachsiger Bauweise oder DTZG als Zwillingsmaschine in zweiachsiger Bauweise ausgeführt.

(Erklärung: D = Doppel, T = Tandem,
Z = Zwilling, G = Gebläse.)

Bei der Zwillingsmaschine arbeiten zwei gleiche Maschinensätze (Gebläse und Kraftzylinder in Zwillingsanordnung) auf einer Welle mit Schwungrad. In Zwillingsbauart (DTZG) werden Leistungen bis zu 9000 PS_e erreicht.

Neuzeitliche Ausführungen suchen die freien Massenkräfte durch leichte Bauart des Triebwerkes zu verringern und den Wirkungsgrad durch Verminderung der Reibungs- und Strömungsverluste zu verbessern. Kennzeichnend dafür sind folgende Konstruktionsmerkmale:

Der Gebläseteil wird mit einem einwandigen Scheibenkolben in leichtester Ausführung aus Stahlguß mit nur einem Kolbenring zur Abdichtung versehen. Als Ventile werden selbsttätige Hochhubventile mit großen freien Querschnitten und weicher Befederung verwendet, die geringe Ventilwiderstände ergeben. Die Ventile sind in besonderen strömungstechnisch günstig ausgebildeten Ventilkästen an den beiden Enden des Gebläsezylinders angeordnet und können leicht ausgewechselt werden.

322 Regelung

Die Windmenge wird durch die Drehzahl der Maschine geregelt. Für den Stahlwerksbetrieb mit seinem sehr stark veränderlichen Windbedarf ist es wichtig, daß mit dem Gebläse auch geringe Windmengen bei entsprechend niedriger Drehzahl des Gebläses gefahren werden können.

Die neuzeitlichen Kraftmaschinenregler, als Preßölregler mit beliebig veränderlicher Drehzahlcharakteristik, sprechen feinfühlig auf Abweichungen von der eingestellten Drehzahl an. Je nach dem im Schwungrad eingebauten Schwungmoment des Schwungrades ist ein regelbarer Drehzahlbereich bis zu 4,5 möglich. Die Gasmaschinenleistung wird bei veränderlichem Winddruck durch den Regler jeweils auf die verlangte gleichbleibende Drehzahl selbsttätig eingestellt. Allerdings setzt diese selbsttätige Regelung eine gleichmäßige Gemischbildung in der Kraftmaschine über den gesamten Drehzahlbereich voraus, die im allgemeinen nur bei Spülung erreicht werden kann. Ist diese gleichmäßige Gemischbildung nicht möglich und besteht die Gefahr, daß die Maschine durch den Regler bei Überlastung zuviel Gas erhält und dadurch zum Stillstand kommt, so muß die Maschine von Hand geregelt werden. Ölservomotorsteuerungen erlauben bei Handregelung die sichere Einstellung der Maschine vom Steuerstand des Maschinisten, der dadurch auch die beiden Maschinenseiten einer Zwillingsmaschine auf gleiche Belastung einregeln kann.

Beim Einhalten gleichbleibender Drehzahlen entspricht dem Ansteigen des Winddruckes ein Absinken der gelieferten Windmenge, da durch die jetzt größere Rückexpansion der Luft aus dem Totraum der volumetrische Wirkungsgrad des Gebläses sinkt. Reicht bei höherem Winddruck die Leistung der Kraftmaschine für eine be-

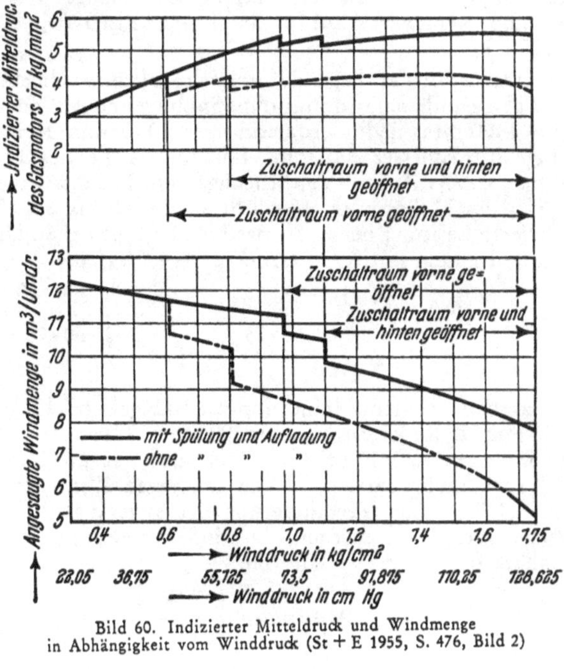

Bild 60. Indizierter Mitteldruck und Windmenge in Abhängigkeit vom Winddruck (St + E 1955, S. 476, Bild 2)

stimmte Windmenge nicht mehr aus, dann muß die angesaugte Windmenge durch Öffnen eines oder beider der im Gebläsezylinder vorn und hinten angebrachten Zuschalträume herabgesetzt werden. Eine derartige Regelung an einem Kolbengebläse DTG 13 ist in Bild 60 dargestellt.

323 Leistung

Großgasmaschinen werden heute als Viertakt-Motoren bis zu 1500 (1600) mm Hub und 1500 mm Kraftzylinderdurchmesser ausgeführt. Die Leistung beträgt hierbei 4300 PS_e, mit Spülung und Aufladung 5000 (5300) PS_e.

Eine Gebläsemaschine des Typs DTG 14 der Maschinenfabrik Augsburg-Nürnberg (MAN) Baujahr 1939 weist folgende Kennwerte auf (s. Stahl und Eisen 63, 1943, S. 105 ff.):

Kraftmaschine als liegender doppeltwirkender Viertakt-Motor in Tandemanordnung ohne Spülung und Aufladung: Hub 1400 mm, Zylinderdurchmesser 1350 mm, Kolbenstangendurchmesser 340 mm. Hieraus Größe des Hubraumes 1,877 m^3. Der Verdichtungsraum hat 0,329 m^3 = 17,5 % des Hubraumes. Verdichtungsverhältnis 6,7. Die indizierte Leistung der Kraftmaschine beträgt bei 80 Uml/min und einem mittleren Druck p_i = 4,5 kg/cm^2

$$N_{i-G}\,[PS_i] = 4 \cdot \frac{F \cdot s \cdot n \cdot p_{im}}{2 \cdot 60 \cdot 75} = 4\,\frac{13406 \cdot 140 \cdot 80 \cdot 4{,}5}{2 \cdot 60 \cdot 75} = 3000\,PS_i\,.$$

Gebläse mit Kraftmaschine unmittelbar gekuppelt: Hub 1400 mm, Zylinderdurchmesser 2900 mm. Hieraus: Größe des Hubraumes 9,12 m^3. Der Totraum hat 2,103 m^3 = 23 % des Hubraumes. Er kann um einen Zuschaltraum von 1,467 m^3 zur Verminderung der angesaugten Luftmenge vergrößert werden. Die indizierte Leistung des Gebläses beträgt bei 80 Uml/min

$$N_{i-w}\,[PS_i] = 2\,\frac{F \cdot s \cdot n \cdot p_{mi}}{60 \cdot 75}\,.$$

Die angesaugte Windmenge errechnet sich bei 80 Uml/min zu

$$V = 2\,F \cdot s \cdot n \cdot \eta_{vol} = 2 \cdot 9{,}12 \cdot 80 \cdot \eta_{vol}\ m^3/min.$$

Gewährleistet ist

1. ohne Zuschaltraum bei 65 Torr Winddruck
$$\eta_{vol} = 0{,}85 \text{ oder } V = 1240\ m^3/min,$$
2. mit Zuschaltraum bei 90 Torr Winddruck
$$\eta_{vol} = 0{,}67 \text{ oder } V = 975\ m^3/min.$$

Der mechanische Wirkungsgrad des Gebläses wurde für Vollast mit 78 % festgestellt.

324 Wirtschaftlichkeit

Der Wärmeverbrauch von Hochofen-Kolbengebläsemaschinen, wie er sich als Mittel aus den von den verschiedenen Herstellern aus jahrzehntelanger Betriebserfahrung

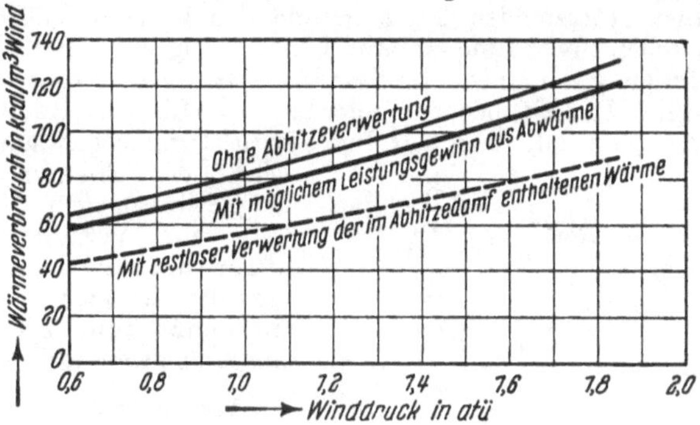

Bild 61. Wärmeverbrauch von Hochofen-Kolbengebläsen (St + E 1955, S. 475, Bild 1)

abgegebenen Garantiewerten ergibt, ist in Bild 61 dargestellt. Der günstigen Wärmewirtschaftlichkeit des Gaskolbengebläses stehen jedoch relativ hohe Investitionskosten für Maschine und Fundament gegenüber.

33 Kreiselgebläse

331 Theoretische Grundlagen

Bei beiden grundsätzlichen Bauarten der Kreiselverdichter, Radial- und Axial-Verdichter, wird die mechanische Energie zur Verdichtung eines Gases (Luft) über die Antriebswelle durch das Laufrad auf das strömende Medium übertragen. Der theoretischen Betrachtung dieses Vorganges wird zunächst die Einzelstufe zugrunde gelegt. Sie ist sinngemäß bei mehrstufigen Gebläsen auch auf alle anderen vor- und nachgeschalteten Stufen anwendbar. Grundsätzlich liegen die Strömungsverhältnisse und die der Energieumsetzung bei beiden Bauarten ähnlich. Ausgangsgleichung für die Arbeitsweise bildet bei beiden die Newton'sche Grundgleichung, nach der in einem abgeschlossenen System (in der Strömungslehre als Kontrollraum bezeichnet und baulich als Verdichterrad dargestellt) Gleichgewicht zwischen den in das System ein- und aus ihnen austretenden Impulsen und den äußeren Kräften bestehen muß. Eine einfache Umformung unter Berücksichtigung der durch das System in der Zeiteinheit strömenden Einheitsmenge und der baulichen Eigenart, Radial- oder Axialrad, führt zur Euler'schen Turbinengleichung, welche den Zusammenhang zwischen dem vom Rade zur Verdichtung aufzuwendenden Moment und der Differenz der ein- und austretenden Impulsmomente aufzeigt.

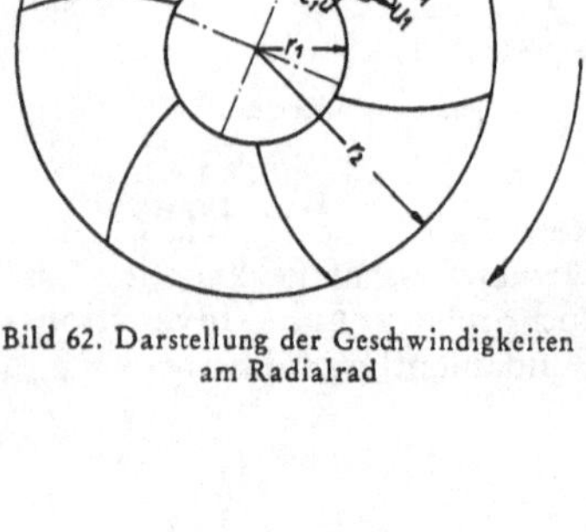

Bild 62. Darstellung der Geschwindigkeiten am Radialrad

3311 Energieumsatz

Jedes Strömungselement tritt auf dem Radius r_1 in das Laufrad ein, auf dem Radius r_2 aus ihm heraus (Bild 62 u. 63). Die Summe aller Strömungselemente, das sekundliche Durchflußgewicht (Gewichtstrom $\gamma \cdot Q$), ist durch die Kontinuitätsgleichung gegeben. Die Volumenabhängigkeit ist hierbei durch die thermodynamischen Zustandsgleichungen zu berücksichtigen.

Aus den für den Radeintritt und -austritt gezeichneten Geschwindigkeitsdreiecken ergeben sich die zur Bestimmung der Impulsmomente maßgebenden Geschwindigkeitskomponenten in Umfangsrichtung c_{1u} und c_{2u} der Absolutgeschwindigkeiten c_1 und c_2 und die senkrecht zur Umfangsgeschwindigkeit u stehende Komponente c_m, welche nach der Kontinuitätsgleichung mit maßgebend für die Größe der zeitlichen Durchflußmenge ist. Die in der Zeiteinheit (s) durch das radiale Laufrad strömende Masse m ist danach

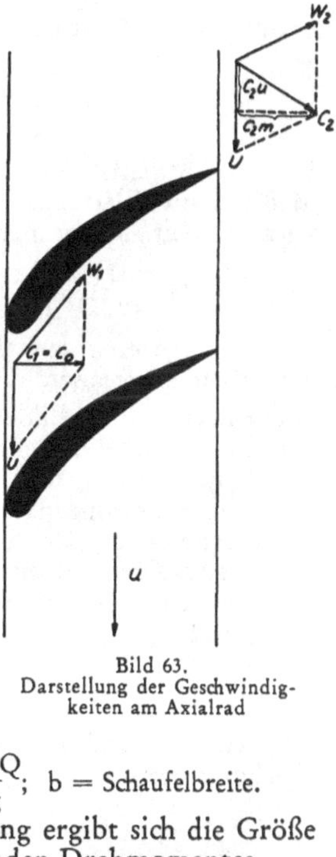

Bild 63.
Darstellung der Geschwindigkeiten am Axialrad

$$m_s = \frac{\gamma}{g} \cdot c_m \cdot 2\pi \cdot r_1 \cdot b = \frac{\gamma \cdot Q}{g}; \quad b = \text{Schaufelbreite.}$$

Aus der Impulsmomentengleichung ergibt sich die Größe des vom Radialrade aufzubringenden Drehmomentes.

Im Ansatz für die Momentengleichung von Euler werden sowohl die Kräfte berücksichtigt, die im ruhenden Kanal bei Durchströmung auftreten, als auch die beiden Trägheitskräfte, Zentrifugalkraft und Corioliskraft, die durch die Drehbewegung des Kanalsystems verursacht werden.

$$M_d\,[\text{mkg}] = m_s\left(c_{2u} \cdot r_2 - c_{1u} \cdot r_1\right) \quad \text{(Euler'sche Momentengleichung).}$$

Unter Berücksichtigung der Winkelgeschwindigkeit

$$\omega = \frac{u}{r} = \frac{u_1}{r_1} = \frac{u_2}{r_2}$$

ergibt sich die Leistung $N \left[\frac{\text{mkg}}{\text{s}}\right]$

$$N = \frac{G_s}{g}\left(u_2 \cdot c_{2u} - u_1 \cdot c_{1u}\right).$$

Damit läßt sich die vom Laufrad auf das strömende Medium zu übertragende Arbeit, bezogen auf die Gewichtseinheit, bestimmen

$$H = \frac{N}{\gamma \cdot Q}\left[\frac{\text{mkg}}{\text{kg}}\right] = \frac{1}{g}\left(u_2 \cdot c_{2u} - u_1 \cdot c_{1u}\right).$$

H wird auch als theoretische Förderhöhe oder spezifische Radarbeit bezeichnet.

Diese Gleichung bildet die Grundlage zur Berechnung der Energieumsetzung in Strömungsmaschinen und wird als Hauptgleichung der Strömungsmaschinen bezeichnet. Bei Turbinenströmungen kehren sich die Vorzeichen um.

Die Anwendung des Cosinussatzes auf die Geschwindigkeitsdreiecke ermöglicht die unmittelbare Darstellung der Hauptgleichung durch die Geschwindigkeitsgrößen c_1, c_2, u_1, u_2 und w_1, w_2.

$$H = \frac{1}{2g}\left[(c_2^2 - c_1^2) + (u_2^2 - u_1^2) + (w_1^2 - w_2^2)\right].$$

Für das Axialrad gibt die Euler'sche Impulsmomentengleichung analog

$$M_d\,[\text{mkg}] = m_s\,(c_{1u} - c_{2u}) \cdot r$$

$\omega = \frac{u}{r}$, wobei $r =$ der Radius des axialen Zylinderschnittes ist.

$$N = M \cdot \omega = \frac{G_s}{g} \cdot u \cdot (c_{2u} - c_{1u})$$

$$H = \frac{N}{G_s} = \frac{1}{g} \cdot u \cdot (c_{2u} - c_{1u})$$

oder ebenfalls durch Cosinussatz umgeformt:

$$H = \frac{1}{2g}\left[(c_2^2 - c_1^2) + (w_1^2 - w_2^2)\right].$$

Die folgenden zusammengefaßten quadratischen Einzelglieder aus den Hauptgleichungen für den Radial- und Axialverdichter geben dabei das Aequivalent an für:

$\frac{(c_2^2 - c_1^2)}{2g} =$ die Zunahme der kinetischen Energie der Strömung im Laufrad durch die Erhöhung der Absolutgeschwindigkeit. In einem nachgeschalteten Diffusor (Spiralgehäuse) ist jene kinetische Energie in Druckenergie umsetzbar;

$\frac{(w_1^2 - w_2^3)}{2g} =$ die Erhöhung des statischen Druckes im Laufrad, hervorgerufen durch Verzögerung der Relativgeschwindigkeit w_1 auf w_2;

$\frac{(u_1^2 - u_2^2)}{2g} =$ die Erhöhung des statischen Druckes im Laufrad infolge Auftretens von Zentrifugal- und Corioliskräften.

Beim Axialverdichter ist

$$\frac{(u_1^2 - u_2^2)}{2g} = 0,$$

d. h., es treten keine Zentrifugal- oder Corioliskräfte auf, die zu einer statischen Druckerhöhung führen.

3312 Kennlinien

Die in der Hauptgleichung mit H bezeichnete Förderhöhe stellt zugleich die Arbeit dar, die im Idealfall von der Maschine auf eine Gewichtseinheit des strömenden Mediums übertragen werden soll. Sie ist unabhängig vom spezifischen Gewicht des strömenden Mediums und seiner Kompressibilität. Die Verwirklichung konstanter Strömungsgeschwindigkeiten über den Umfang jedes Zylinderschnittes des Laufrades, wie es die obigen Gleichungen voraussetzen, würde unendlich viele Laufschaufeln erfordern, was technisch undurchführbar ist. Man setzt deshalb in Anbetracht der Voraussetzung unendlicher Schaufelzahlen und der theoretischen Ermittlung des Wertes H,

$H = H_{th\infty}$. Die effektive Förderhöhe H_{eff} kann daraus durch Subtraktion der in der Maschine auftretenden Verluste von $H_{th\infty}$ ermittelt werden.

Die Kennlinie des Verdichters, welche bei konstanter Drehzahl den Zusammenhang zwischen effektiver Förderhöhe H_{eff} und zeitlichem Durchflußvolumen Q (Volumenstrom) wiedergibt (Druck-Volumendiagramm), ist weitgehend von der Formgebung der Laufschaufeln (evtl. auch des Leitrades) abhängig. Bei Änderung der Drehzahl ergibt sich eine Kurvenschar von Kennlinien, die den jeweiligen Betriebszuständen entsprechen, das Kennfeld. Das Kennfeld beschreibt zugleich den Ablauf von Regelvorgängen.

Kennlinie des Radialverdichters:

Der Kennlinienverlauf ist von der Schaufelform des Laufrades bestimmt. Man unterscheidet grundsätzlich:

1. Rückwärts gekrümmte Schaufeln,
2. radial endende Schaufeln,
3. vorwärts gekrümmte Schaufeln.

Den Schaufelkrümmungen entsprechen verschiedene Kennlinienverläufe. Nach der Hauptgleichung ist

$$H_{th\,\infty} = \frac{u_2 \cdot c_{2u}}{g}$$

unter Voraussetzung von $c_{1u} = 0$, d. h. bei senkrechtem Strömungseintritt zur Umfangsrichtung.

Einem zeitlich größeren Volumenstrom Q entspricht nach der Kontinuitätsgleichung eine größere Relativgeschwindigkeit w_2 (auf Austritt bezogen). Die Vergrößerung der Relativgeschwindigkeit wirkt sich bei den verschiedenen Schaufelformen unterschiedlich aus:

1. bei rückwärts gekrümmten Schaufeln entspricht einer vergrößerten Relativgeschwindigkeit w_2 eine verkleinerte Umfangskomponente c_{2u} (siehe Geschwindigkeitsdreieck), d. h. einem vergrößerten Q eine kleinere Förderhöhe $H_{th\infty}$. Die Kennlinie ist eine fallende Gerade (Bild 64 und 67);

2. bei senkrecht endenden Schaufeln bleibt bei Änderung von w_2 die Umfangskomponente der Absolutgeschwindigkeit c_{2u} unverändert, d. h. durch Änderung von Q wird die Größe der Förderhöhe $H_{th\infty}$ nicht berührt. Die Kennlinie ist eine Parallele zur Abszisse, auf welcher Q abgetragen ist (Bild 65 u. 67);

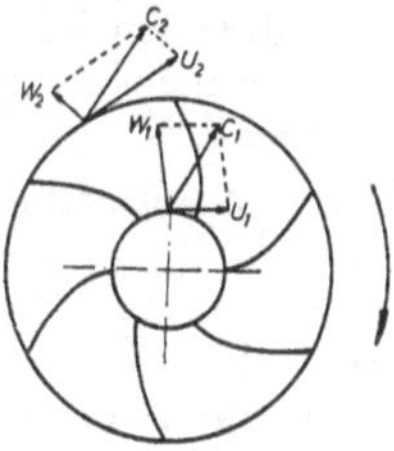

Bild 64. Darstellung der Geschwindigkeiten bei rückwärts gekrümmten Schaufeln

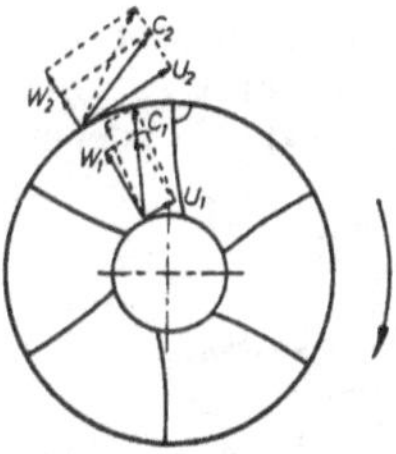

Bild 65. Darstellung der Geschwindigkeiten bei senkrecht endenden Schaufeln

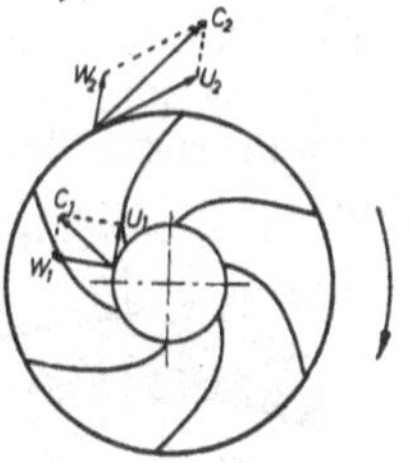

Bild 66. Darstellung der Geschwindigkeiten bei vorwärts gekrümmten Schaufeln

3. bei vorwärts gekrümmten Schaufeln vergrößert sich die Erhöhung von Q auf c_{2u} und damit die Förderhöhe $H_{th\infty}$. Die Kennlinie ist eine steigende Gerade (Bild 66 und 67).

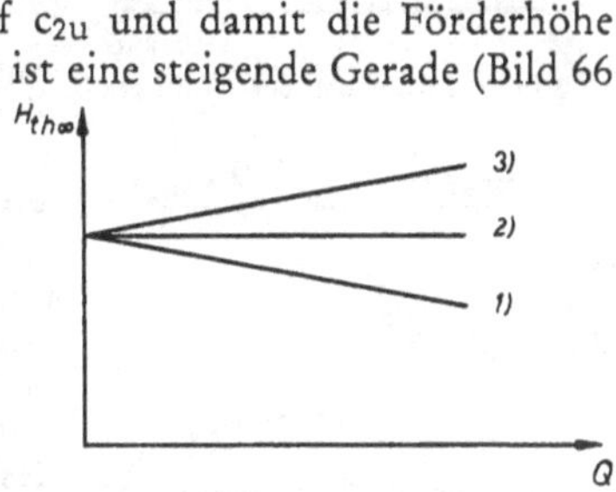

Bild 67. Kennlinien bei unendlicher Schaufelzahl

In den drei beschriebenen Fällen ist die Kennlinie eine Gerade, die den Zusammenhang zwischen Förderhöhe $H_{th\infty}$ und Volumenstrom Q beschreibt, und zwar unter Voraussetzung unendlicher Schaufelzahl und ohne die praktisch auftretenden Verluste.

a) Die Abweichung der wirklichen Schaufelzahl von der unendlichen verursacht einen Druckverlust, der sich als Verminderung der Förderhöhe um einen in etwa dem

Volumenstrom Q umgekehrt proportionalen Wert auswirkt. Die so ermittelte Förderhöhe wird als H_{th}, theoretische Förderhöhe unter Berücksichtigung endlicher Schaufelzahl, bezeichnet;

b) die Reibungsverluste steigen mit dem Quadrat des Volumenstromes Q;

c) die Stoßverluste steigen mit dem Quadrat des vom günstigsten Betriebspunkt (optimale Fördermenge) abweichenden Betrages der Fördermenge (Bild 68).

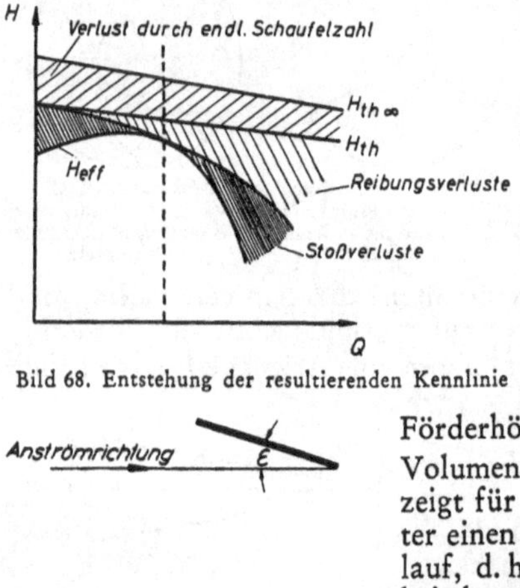

Bild 68. Entstehung der resultierenden Kennlinie

Die resultierende Kennlinie ergibt sich durch Subtraktion der Werte b) und c) von der theoretischen Kennlinie bei endlicher Schaufelzahl. Die resultierende Kennlinie stellt den Zusammenhang zwischen der effektiven Förderhöhe H_{eff} und dem Volumenstrom Q dar. Sie zeigt für den Radialverdichter einen relativ flachen Verlauf, d. h. einen breiten Arbeitsbereich, und läßt dadurch die gute Regelbarkeit des Radialverdichters erkennen. Kennlinie des Axialverdichters:

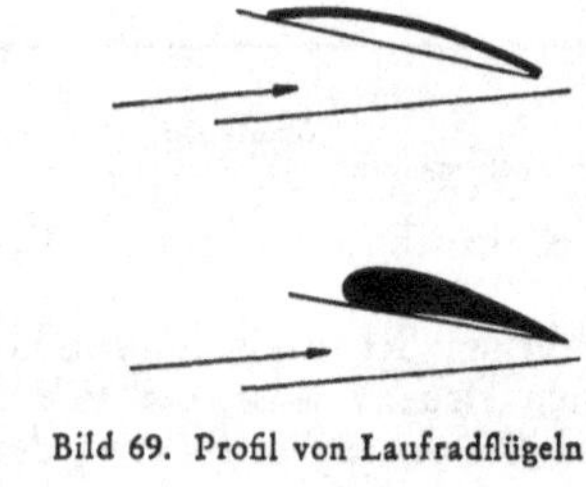

Bild 69. Profil von Laufradflügeln

Der Kennlinienverlauf des Axialverdichters ist von der Profilierung der Lauf- und Leitradflügel, vom Volumenstrom Q und von der Temperatur des eintretenden strömenden Mediums abhängig. Man unterscheidet (Bild 69):

1. nichtprofilierte Flügelform (ebene Platte, sehr selten angewandt),
2. Kreisbogenprofile (gewölbte Platte),
3. Tragflügelprofile. Den Profilierungen entsprechen verschiedene Gleitwinkel ε, wobei tg ε den Zusammenhang zwischen Widerstandsbeiwert c_w und Auftriebsbeiwert c_a beschreibt.

$$\text{tg}\,\varepsilon = \frac{c_w}{c_a}$$

Die Abhängigkeit c_a von c_w[1]) veranschaulicht die Polare, die in einem Diagramm unter Berücksichtigung des Anstellwinkels α (als Parameter) dargestellt wird (Bild 70).

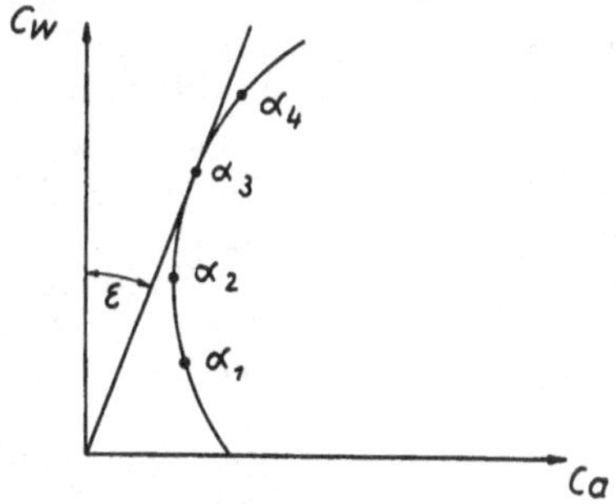

Bild 70. c_w-c_a-Diagramm für Flügelprofile

Unter Voraussetzung gleicher Reynold'scher Zahlen ist bei

1. nichtprofilierten Flügelformen ε sehr groß, d. h. der Widerstand ist im Verhältnis zum Auftrieb relativ hoch;

---

[1]) c_w = Widerstandsbeiwert,
c_a = Auftriebsbeiwert,
sind Erfahrungswerte, die durch Versuche im Windkanal für jede Profilform gesondert ermittelt werden müssen.

2. bei einer gewölbten Platte (Kreisbogenprofil) ist das Verhältnis Widerstand zum Auftrieb kleiner und damit auch ε;
3. bei Tragflügelprofilen liegen die Verhältnisse am günstigsten: der Widerstandsbeiwert ist am kleinsten, der Auftriebsbeiwert am größten, ε somit relativ klein.

Die Auswahl der Profilform und der Anstellwinkel ist von den Strömungsverhältnissen abhängig, d. h. von der Größe der durch die Strömung und die äußeren Abmessungen festgelegten Reynold'schen Zahl, von dem Verlauf der Polaren und der sicheren Begrenzung der Größe des Anstellwinkels, um den Ablösungspunkt nicht zu erreichen, bei welchem die Strömung abreißt.

Der Anstellwinkel α, der als Parameter des funktionalen Zusammenhanges zwischen c_a und c_w auftritt, ist als Winkel zwischen Flügelsehne, d. h. der Tangente an die Flügelunterseite, und Anströmrichtung definiert.

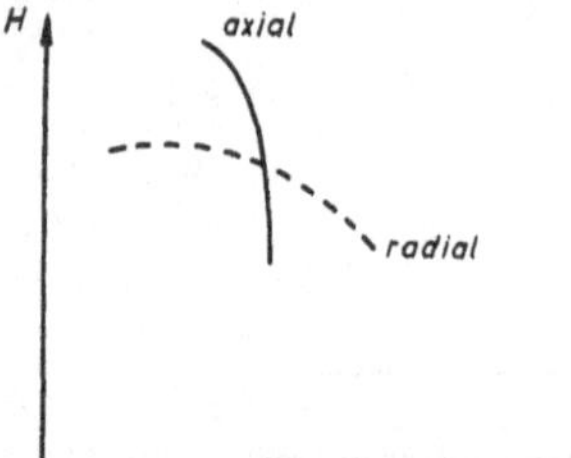

Bild 71. Grundsätzlicher Kennlinienverlauf für Radial- u. Axialverdichter

Bei Änderung des Volumenstromes Q ändert sich im Axialverdichter die Anströmrichtung und damit der Anstellwinkel α der Lauf- und Leitradflügel. Daraus ergibt sich eine relativ steile Kennlinie. Beim Radialverdichter ist die Kennlinie flacher, weil Q nicht ausschließlich maßgebend für die Größe der Druckerhöhung ist, da sie ja zum großen Teil durch die vom Volumenstrom angenähert abhängige Zentrifugalkraft erfolgt (Bild 71). Bei mehrstufigen Axialverdichtern wird die Kennlinie zwangsläufig noch steiler.

Der Verdichter ist für einen bestimmten Betriebspunkt ausgelegt, d. h. dem Entwurf sind ein bestimmter Volumenstrom Q, eine bestimmte Druckerhöhung H und bestimmte äußere Abmessungen zugrunde gelegt. Bei geändertem Volumenstrom ändert sich auch die Lage des Betriebspunktes auf einer Kurve, die den Zusammenhang zwischen Druckziffer ψ und Durchflußziffer φ aufzeigt[1]). Der mögliche Arbeitsbereich des Axialverdichters ist in diesem Diagramm durch die Abreißgrenze, bei deren Erreichen die Strömung von den Profilen abreißt, und durch die Schluckgrenze, bei der fast keine Drucksteigerung im Verdichter mehr möglich ist ($p_{stat} \approx 0$), begrenzt (Bild 72).

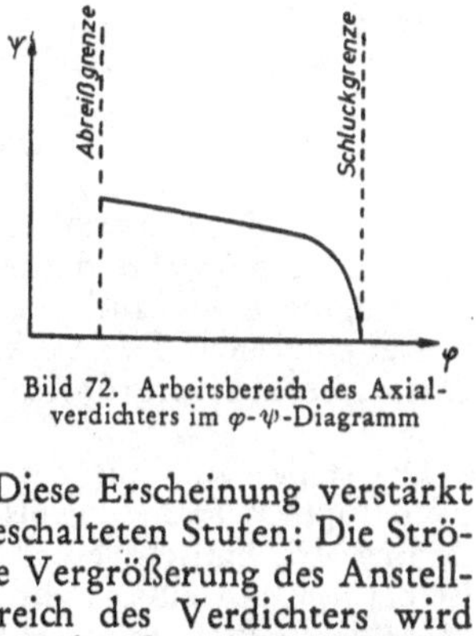

Bild 72. Arbeitsbereich des Axialverdichters im φ-ψ-Diagramm

Ändert sich nun Q gegenüber dem im Entwurf der Maschine zugrunde gelegten Durchflußvolumen, so weicht der wirkliche vom festgelegten Betriebspunkt ab.

Einem kleineren Volumenstrom würde auch eine kleinere Durchflußziffer φ und damit auch eine größere Druckziffer ψ entsprechen, was einer Vergrößerung des Anstellwinkels α entspricht. Diese Erscheinung verstärkt sich zunehmend in den nachgeschalteten Stufen: Die Strömung reißt durch die ständige Vergrößerung des Anstellwinkels α ab, der Arbeitsbereich des Verdichters wird dadurch einerseits begrenzt (Abreißgrenze bei kleinem Volumenstrom). Einem größeren Q entspricht eine verminderte statische Druckerzeugung, d. h. eine verkleinerte

---

1) Druckziffer $\psi = \frac{H \cdot 2g}{u_2^2}$ anstelle der Förderhöhe und

Durchflußziffer $\varphi = \frac{Q}{F_o \cdot u_{1a}}$ anstelle des Förderstromes

sind Kennzahlen, die eine Darstellung des Betriebsverhaltens von Kreiselverdichtern in dimensionsfreien Koordinaten gestatten;
hierin: F_o = Durchflußquerschnitt am Radantrieb
$u_{1a} = \pi \cdot D_s \cdot n/60$ und
D_s = saugseitiger Durchmesser des Rades.

Druckziffer ψ; der Verkleinerung von ψ entspricht eine vergrößerte Durchflußziffer φ. Durch die Vergrößerung der Durchflußziffer φ, verursacht durch vergrößertes Q, wird der Arbeitsbereich des Verdichters andererseits begrenzt (Schluckgrenze bei großem Volumenstrom). Auf den Arbeitsbereich des Axialverdichters hat außerdem noch die Eintrittstemperatur des strömenden Mediums einen Einfluß.

Liegt die Eintrittstemperatur tiefer als bei Auslegung der Maschine vorgesehen, so verkleinert sich das Endvolumen der Stufen, entsprechend auch die Durchflußziffer φ. Die Druckziffer ψ wird dagegen größer, es kann vorzeitiges Abreißen der Strömung eintreten.

Bei höherer Eintrittstemperatur vergrößert sich das Volumen, die Schluckgrenze wird entsprechend der größeren Durchflußziffer φ früher erreicht.

Durch den Temperatureinfluß wird also der Arbeitsbereich des Axialverdichters sowohl in Richtung der Abreißgrenze als auch in Richtung der Schluckgrenze weiter eingeengt. Der Verkleinerung des Arbeitsbereiches entspricht eine vergrößerte Steilheit der Verdichterkennlinie.

Die steile Kennlinie des Axialverdichters erklärt seine bevorzugte Verwendung als Grundlastmaschine. Eine Änderung des Betriebsverhaltens, dargestellt im Kennfeld, ist bei ihm vorteilhaft nur durch Drehzahlregelung oder Flügelverstellung möglich (Änderung des Einstell- und damit des Anstellwinkels in Anpassung an die geänderten Strömungsverhältnisse) oder durch absichtliche Drallerzeugung vor dem Laufrad (Änderung des Anströmwinkels) oder durch eine Kombination dieser Maßnahmen. Eine Drosselregelung wie beim Radialverdichter ist im weiten Bereich nicht durchführbar und auch unwirtschaftlich.

332 Aufbau

Die Laufräder der Radialgebläse werden im allgemeinen aus Rad- und Deckscheibe, die aus dem Vollen geschmiedet werden, und den dazwischenliegenden Schaufeln zusammengesetzt. Die sich dadurch ergebenden Schaufelkanäle haben axialen Einlauf und radialen Austritt der Luft (Bild 73). Es handelt sich hierbei um rückwärts gekrümmte

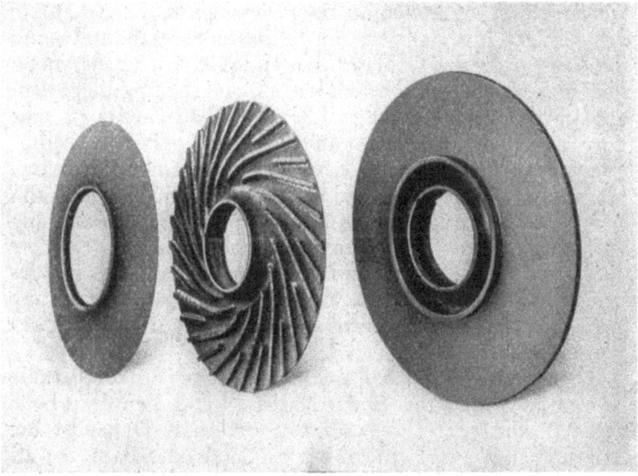

Bild 73. Deckscheibe, Laufradscheibe und fertiges Laufrad (GHH-Druckschrift: Turbokompressoren, Turbogebläse, Abb. 29)

Schaufeln mit Schaufelaustrittswinkeln zwischen 40° und 50°, die sich stetig erweiternde Kanäle mit guter Luftführung ergeben. Die Laufräder werden nach dem Zusammennieten auf statische Unwucht geprüft und anschließend mit Überdrehzahl geschleudert. Der vollständig zusammengebaute Läufer (Welle mit Laufrädern) wird dann dynamisch ausgewuchtet. Als Werkstoff für die Laufräder werden legierte Stähle mit hoher Festigkeit, Streckgrenze, Dehnung und Kerbzähigkeit verwendet. Je nach diesem Werkstoff können Umfangsgeschwindigkeiten bis zu 300 m/s maximal erreicht werden.

Die durch die Laufräder übertragene Energie wird zu einem Teil unmittelbar in Druck, zum anderen Teil in

Geschwindigkeitsenergie umgesetzt. Die Umsetzung der Geschwindigkeits- in Druckenergie findet durch Verzögerung in einer Spirale (einstufige Gebläse) oder bei mehrstufigen Gebläsen in den Diffusoren statt. Zur Umsetzung werden auch feststehende oder bewegliche Leitschaufeln verwendet. Mit der fest einstellbaren Leitschaufel kann der Bestpunkt des Gebläses den endgültigen, vorher nicht mit Sicherheit festzustellenden Betriebsbedingungen angepaßt werden. Mit verstellbaren Leitschaufeln ist eine Anpassung des Gebläses an wechselnde Betriebsbedingungen des Hochofens (wechselnde Erz- und Kokssorten, Herabsetzen der Tagesleistung u. a.) möglich. Jedoch kann auch ohne diese zusätzlichen Einrichtungen bei Verwendung von schaufellosen Diffusoren, lediglich durch geeignete Wahl der Schaufelform und des Diffusors, allen Anforderungen des Hochofens oder Stahlwerksbetriebes Rechnung getragen werden. Das trifft insbesondere auf die Lage der Pumpgrenze zu.

Abgesehen von der besonderen Form der Schaufelkanäle ist nun die Ansaugmenge der Drehzahl und die Förderhöhe dem Quadrat der Drehzahl proportional. Dabei ist die Ansaugmenge entscheidend für die Wahl der Bauform als einflutiges oder zweiflutiges Gebläse. Die Förderhöhe beeinflußt die Stufenzahl des Gebläses.

Einstufige Gebläse für Luft können mit Pressungen bis zu 6 bis 7 mWS gebaut werden. Bei höheren Pressungen kommt die mehrstufige Ausführung in Betracht (Bild 74).

Einflutige Gebläse können bei geeigneten Drehzahlen für Ansaugmengen bis zu etwa 120000 m^3/h gebaut werden. Zum Ausgleich des bei dieser Bauart auftretenden Axialschubes muß ein Ausgleichskolben angewendet werden, der mit der Atmosphäre verbunden wird, und dessen wirksame Fläche so groß gewählt wird, daß der Axialschub möglichst ausgeglichen ist.

Die zweiflutige Bauart hat den Vorteil, daß sich die nun entgegengesetzt gerichteten Axialschübe aufheben, so daß der Ausgleichskolben entfällt. In jedem Falle ist ein Längslager zur Festlegung des Läufers in axialer Richtung

Bild 74. Hochofen-Kreiselgebläse für 280 000 m^3/h
(GHH-Druckschrift: Turbokompressoren, Turbogebläse, Abb. 6)

erforderlich, welches auch einen nicht ausgeglichenen Axialschub aufnehmen kann.

Bei den größeren Gebläsen ist das Gehäuse in der horizontalen Mittelebene geteilt und übernimmt die Luftführung außerhalb der Laufräder, gegebenenfalls mit besonderen hierzu dienenden Einsätzen.

Die Gehäuse werden so einfach wie möglich gehalten und ausschließlich ungekühlt ausgeführt. Mit Rücksicht auf die Geräuschdämpfung werden dickwandige gußeiserne Gehäuse bevorzugt.

Bei Stahlwerksgebläsen mit ihrem höheren Verdichtungsverhältnis ergeben sich, je nach der Größe des Enddruckes, Temperaturen um 150 ° bis 200 ° C. Diese hohen Endtemperaturen sind bei entsprechender Formgebung und Abstützung der Gehäuse auch im Dauerbetrieb noch erträglich. In einem Stück einschließlich der Zwischenwände hergestellte Gehäusehälften ergeben einen sehr schwierigen Guß. Große Gebläse werden daher im allgemeinen aus mehreren Teilen hergestellt und haben besondere in die Gebläsehälften eingesetzte Zwischenböden, die die Luftführung übernehmen. Hierdurch werden Gußstücke und Bearbeitung vereinfacht. Ein Axialgebläse in abgedecktem Zustande zeigt Bild 75.

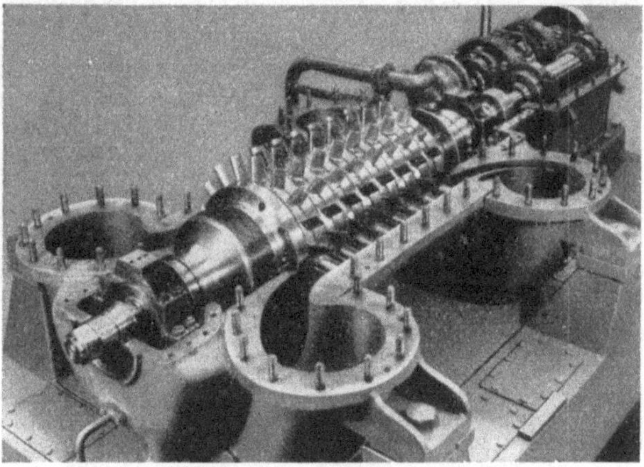

Bild 75. Axialgebläse in abgedecktem Zustande
(Techn. Rundschau Sulzer, 1950, Nr. 2, S. 22, Abb. 30)

333 Betriebsverhalten und Regelung im instabilen Gebiet

Das Betriebsverhalten der Kreiselgebläse ist durch das Druckvolumen-Diagramm (Bild 76) bestimmt, das die Abhängigkeit zwischen Förderstrom, Förderhöhe und Drehzahl aufzeigt (Kennfeld).

Für die Bemessung der Gebläse ist der Punkt maßgebend, an dem die normale Ansaugmenge (100 %) auf den verlangten Enddruck (100 %) bei normaler Drehzahl gefördert wird. Wenn nicht besondere Bedingungen z. B mit Bezug auf die Regelung vorliegen, soll das Gebläse im Normalpunkt mit bestem Wirkungsgrad arbeiten.

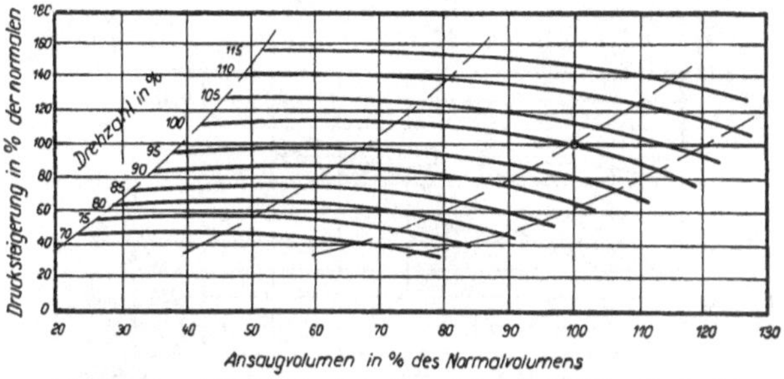

Bild 76. Kennfeld eines Kreiselgebläses bei veränderlicher Drehzahl (GHH-Druckschrift: Turbokompressoren, Turbogebläse, Abb. 10)

Verringert man bei konstanter Drehzahl des Gebläses durch saug- oder druckseitiges Drosseln den Volumenstrom, dann durchläuft der jeweilige Kennpunkt, charakterisiert durch den jeweiligen Volumenstrom und die Förderhöhe, die Kennlinie von der voll geöffneten Drossel aus gerechnet. Bei einer gewissen Fördermenge, die im allgemeinen durch den höchsten Punkt der Kennlinie gegeben ist, beginnt das bis dahin stetig laufende Gebläse unregelmäßig, bisweilen unter heftigen Stößen zu laufen. Diese Arbeitsweise wird als „Pumpen“ bezeichnet.

Das Pumpen ist eine instabile Strömungserscheinung, die sich in einem mehr oder weniger starken Schwanken des Enddruckes, verbunden mit Geräuschen, äußert. Der Kennpunkt für Eintritt des Pumpens kann für mehrere Verdichterdrehzahlen durch Versuch oder Rechnung bestimmt werden. Die durch mehrere solcher Kennpunkte gelegte Kurve bezeichnet man als „Pumpgrenze“.

In dem Bemühen, die Pumpgrenze möglichst weit herabzusetzen, sind in letzter Zeit beachtliche Erfolge erzielt worden. Bild 77 zeigt die Kennwerte eines einstufigen Kreiselgebläses der Demag, das für 1,3fache Verdichtung ausgelegt ist. Es besitzt einen normalen Spiraldiffusor und ein Laufrad neuartiger Konstruktion. Besondere Hilfsmittel wie Drallregler, Diffusor-Leitschaufelverstellung oder andere sind nicht verwendet.

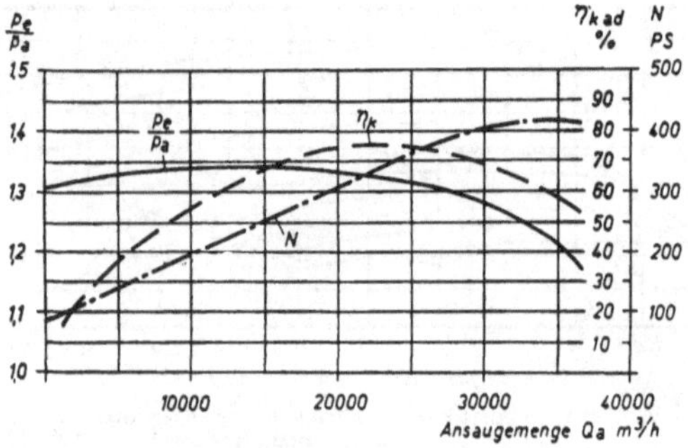

Bild 77. Kennwerte eines Kreiselgebläses
(Techn. Mitteil., Vulkan-Verlag Essen, Bild 27)

Der Arbeitsbereich der Gebläse ist durch die zulässige Überlast und die Pumpgrenze gegeben. Bei Betrieb der Gebläse mit konstanter Drehzahl wird dieser Arbeitsbereich stark eingeschränkt. Der Betrieb der Gebläse mit veränderlicher Drehzahl erweitert den Arbeitsbereich erheblich und vermeidet zusätzliche Verluste bei notwendig werdender Änderung von Druck und Menge innerhalb der gegebenen Grenzen.

Müssen kleinere Mengen unterhalb der Pumpgrenze der Gebläse gefahren werden, dann werden besondere Regelungen, die als Abblase-, Umschalt- oder Abschaltregelung ausgebildet werden, notwendig (Regelung im instabilen Gebiet).

Die Abblaseregelung beruht darauf, daß das Gebläse bei sich verringerndem Luftbedarf bis auf einen Kennpunkt nahe der Pumpgrenze betrieben und die gegenüber dem weiter sinkenden Bedarf überschüssige Luftmenge abgeblasen wird. Bei der Abblaseregelung, die auch selbsttätig, gegebenenfalls in Verbindung mit einer Drehzahlregelung, ausgeführt werden kann, wird für alle Luftmengen unterhalb des Kennpunktes die gleiche Leistung benötigt, da kein Energierückgewinn vorhanden ist. Die Abblaseregelung kann als Regelung auf gleichbleibenden

Enddruck (Hochofengebläse auf Sammelleitung) oder auf gleichbleibende einstellbare Ansaugmenge (ein Gebläse auf den zugehörigen Ofen) ausgeführt werden.

Bei der Umblaseregelung als Abart der Abblaseregelung wird die überschüssige Luftmenge in den Saugstutzen des Verdichters zurückgeführt und nicht ins Freie geblasen. Dabei ergeben sich jedoch wegen der höheren Temperatur der rückgeführten Luft u. U. Schwierigkeiten im Betrieb wegen zu hoher Endtemperaturen. In diesem Falle ist die Luft, um zu hohe Eintrittstemperaturen am Gebläse zu vermeiden, vorher rückzukühlen.

Die Umschaltregelung ist nur bei zweiflutigen Gebläsen anzuwenden. Das sonst normal ausgeführte Kreiselgebläse erhält zusätzlich einfache Absperrorgane auf Saug- und Druckseite. Kleine Mengen unterhalb der Pumpgrenze bei zweiflutiger Förderung, die bei etwa 40 % gegenüber dem Normalpunkt liegen, können dann nach Abschließen einer Seite bei einflutiger Förderung bis auf etwa 20 % herunter verdichtet werden (Bild 78). Auch diese Art der Regelung kann selbsttätig durch einen Regler erfolgen.

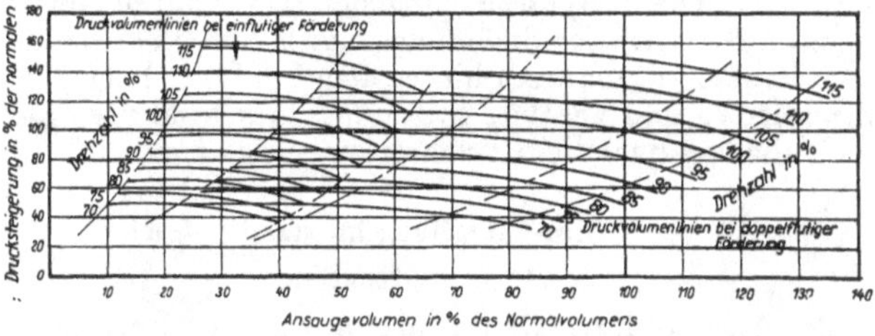

Bild 78. Kennfeld eines doppelflutigen Kreiselgebläses mit Umschaltregelung (GHH-Druckschrift: Turbokompressoren, Turbogebläse, Abb. 43)

Das zweiflutige Gebläse bietet bei entsprechender Ausführung des Gehäuses und Anwendung der entsprechenden Armaturen auch die Möglichkeit, die beiden Gebläsehälften hintereinander zu schalten. Bei etwa halber Ansaugmenge können hiermit wesentlich höhere Drücke gegenüber dem Normaldruck gefahren werden.

Die Abschaltregelung schaltet das Gebläse selbsttätig vom Netz ab, sobald der Luftverbrauch soweit sinkt, daß er nahe an die Pumpgrenze herankommt. Bei Steigen des Luftverbrauchs, der sich durch ein Absinken des Luftdruckes bemerkbar macht, wird das Gebläse selbsttätig wieder zugeschaltet. Das Gebläse läuft für die Zeit des Abschaltens leer mit. Diese Regelung setzt ein Rohrnetz mit großer Kapazität voraus oder das Vorhandensein mehrerer Gebläse, die auf das gleiche Netz arbeiten. Arbeiten mehrere Gebläse parallel auf das gleiche Netz, so ist es nicht zulässig, jede Maschine mit einer selbsttätigen Regelung auf gleichbleibende Ansaugmenge oder gleichbleibenden Enddruck auszurüsten. Es besteht dann die Gefahr, daß die einzelnen Maschinen unter Pendelung gegeneinander arbeiten. Es darf daher nur eine Maschine als Regelmaschine mit einer selbsttätigen Regelung ausgerüstet werden. Die übrigen Maschinen werden ohne besondere Regelung mit gleichbleibender Grundlast gefahren.

Bei Laufrädern mit hoher Umfangsgeschwindigkeit und hohen Drucksteigerungen ist die Geräuschbildung zu beachten. Die Geräusche entstehen am Laufradeintritt beim Auftreffen des Strömungsmittels auf die Schaufeleintrittskanten und auch hinter dem Laufrad. Hier kann die relative und absolute Strömungsgeschwindigkeit sich der Schallgeschwindigkeit nähern oder sie erreichen.

334 Antrieb und Regelung im stabilen Gebiet

3341 Dampfturbine

Bei Antrieb durch Dampfturbine wird die Energie des Dampfes unmittelbar in Druckluft umgesetzt. Das ist bei größeren Anlagen häufig wegen der größeren Wirtschaftlichkeit ein entscheidender Gesichtspunkt. Die Dampfturbine bietet weiterhin den großen Vorteil, daß sie in einem weiten Drehzahlbereich wirtschaftlich regelbar ist. Damit ist eine ausgezeichnete Regelmöglichkeit auf gleichbleibenden Druck am Druckstutzen des Gebläses oder auf gleichbleibende Ansaugmenge gegeben und damit eine gute

Anpassung an die jeweiligen Betriebsbedingungen. Bei Drehzahlverstellmöglichkeit kann das gesamte Kennfeld rechts der Pumpgrenze, Kurve a (Bild 79), d. h. das stabile Gebiet, bestrichen werden. Für die Auslegung der Dampfturbine mit Bezug auf die Drehzahl gelten ähnliche Gesichtspunkte wie für das Gebläse. Man kann daher Antriebsmaschine und Arbeitsmaschine ohne Zwischenschaltung eines Getriebes mit günstigem Wirkungsgrad direkt gekuppelt betreiben.

3342 Elektromotor

Die Drehzahl eines Gebläses liegt bei der Auslegung nach günstigstem Wirkungsgrad um so höher, je kleiner die Ansaugmenge ist. Bei Antrieb durch Elektromotor, der besonders für kleine und mittlere Leistungen in Betracht kommt, wird daher in den meisten Fällen ein Zwischengetriebe zur Anpassung an die von der Gebläsedrehzahl abweichende Drehzahl des Motors notwendig.

Die Anwendung des Elektromotors als Antriebsmaschine ist nach den gegebenen Betriebsverhältnissen zu entscheiden. Der Elektromotor bedingt Umsetzungsverluste der Energie in der Stromerzeugung, in der Verteilung, im Motor und dem u. U. zwischengeschalteten Getriebe. Weitere Verluste treten bei der Regelung auf. Dort, wo Dampf nicht zur Verfügung steht oder aus größerer Entfernung herangebracht werden muß, oder dort, wo sehr wirtschaftlich arbeitende Kraftwerke mit gesicherter Stromversorgung vorhanden sind und die gegenüber dem direkten Dampfantrieb um 8 bis 10% höheren Umsetzungsverluste nicht ins Gewicht fallen, wird der Elektromotor als Antrieb in Frage kommen.

Das Elektrogebläse hat den Vorteil großer Einfachheit und schneller Betriebsbereitschaft. Wegen der bequemen Fortleitung des elektrischen Stromes kann es leicht in Nähe des Hochofens oder Stahlwerkes aufgestellt und damit durch kürzere Zuleitungen Wärme- und Druckverluste des Windes eingespart werden.

Sofern der Elektromotor nicht in der Drehzahl regelbar ausgeführt ist, was bei großen Leistungen wegen der damit verbundenen verhältnismäßig hohen Anschaffungskosten der Fall ist, ist das Gebläse nur auf der Kennlinie betriebsfähig, die zu der gewählten Drehzahl gehört. Alle übrigen Betriebspunkte können nur durch Drosseln, d. h. mit zusätzlichen Verlusten, gefahren werden. Die Betriebsweise einer solchen Saug-Druck-Regelung, die auch selbsttätig und als Fernregelung ausgeführt werden kann, zeigt Bild 79. Mit dieser Regelung wird bei gleichbleibender Drehzahl der Enddruck am Gebläse konstant gehalten.

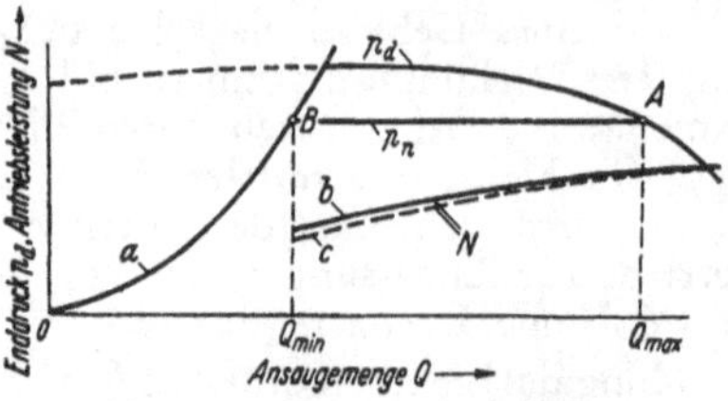

Bild 79. Kennfeld eines Kreiselgebläses bei Drosselregelung (St+E 1942, S. 562, Abb. 2)

Die Anwendung einer Flüssigkeitskupplung zwischen Motor und Getriebe gestattet u. U. auch bei nicht regelbarem Motor eine Drehzahlverstellung des Gebläses und eine ähnlich günstige Regelmöglichkeit, wie sie die Dampfturbine bietet. Diese Flüssigkeitskupplung (Bild 80) arbeitet jedoch nicht verlustfrei und kommt in ihren Bauarten je nach Drehzahl nur für kleine und mittlere Leistungen bis zu etwa 2000 PS in Betracht.

Bei der Flüssigkeitskupplung muß das an die getriebene Welle mit der Drehzahl n_2 abgegebene Drehmoment gleich dem mit der treibenden Welle n_1 zugeleiteten sein, da keine Abstützung gegen den Erdboden vorhanden ist, die einen Unterschied der Drehmomente aufnehmen könnte. Damit wird der Wirkungsgrad der Strömungskupplung $\eta = \frac{n_2}{n_1}$.

Bild 80. Hauptteile einer Strömungskupplung
(J. M. Voith, Masch.-Fabr., Heidenheim/Brenz. Foto Nr. 7275)

Die Verlustleistung in der Strömungskupplung $N_v = N_a \cdot (1 - \eta)$ ist in Wärmeform abzuführen. Hierin N_a die vom Motor abgegebene Leistung.

Da sich nun bei Kreiselgebläsen die Leistung des Gebläses angenähert mit der dritten Potenz der Drehzahl, mit der das Gebläse läuft, ändert (siehe auch Abschnitt 44), wird bei Verwendung einer solchen Kupplung zur Drehzahlregelung die Verlustleistung, die in Wärmeform abzuführen ist

$$N_v \approx \left[\frac{n_2}{n_1}\right]^3 \cdot N_a \cdot \left(1 - \frac{n_2}{n_1}\right)$$

und kann sich somit noch in erträglichen Grenzen halten. Bei kleineren und mittleren Leistungen wird man den Elektromotor durch elektrische Doppelzonen- oder elektrische Widerstandsregelung in gewissen Grenzen in der Drehzahl regelbar ausführen können.

Eine weitere Regelmöglichkeit besteht bei Antrieb mit konstanter Drehzahl in der Eintritts-Leitschaufelregelung auf der Saugseite des Gebläses. Bei dieser Regelung wird durch Drehen der Eintrittsleitschaufeln, also durch Ändern des Eintrittsdralls bei Axial- und Radialgebläsen Luftmenge und Druckverhältnis in weiten Grenzen geregelt. Diese Eintrittsleitapparatregelung ist besonders wirksam bei Axialgebläsen. Der spezifische Leistungsverbrauch der Gebläse bei den verschiedenen Regelungsarten ist in Bild 81 dargestellt.

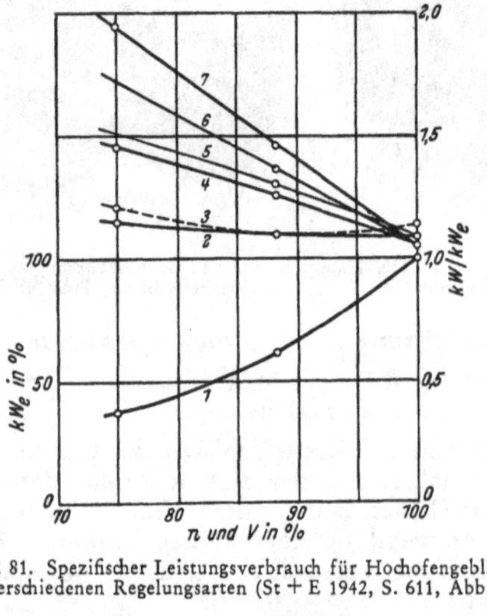

Bild 81. Spezifischer Leistungsverbrauch für Hochofengebläse bei verschiedenen Regelungsarten (St + E 1942, S. 611, Abb. 38)

1 = spezifischer Leistungsbedarf an der Gebläsewelle,
2 = spezifischer Leistungsverbrauch bei elektrischer Doppelzonenregelung,
3 = spezifischer Leistungsverbrauch bei Dampfantrieb,
4 = spezifischer Leistungsverbrauch bei elektrischer Widerstandsregelung,
5 = spezifischer Leistungsverbrauch bei elektrischem Antrieb und Flüssigkeits-Regelkupplung (Motordrehzahl konstant),
6 = spezifischer Leistungsverbrauch bei Drehschaufelregelung auf der Saugseite (n = konstant),
7 = spezifischer Leistungsverbrauch bei Drosselregelung (n = konstant),
n = Drehzahl,
V = angesaugte Luftmenge.

Verhältniszahl für die Dampfumrechnung: 1,1 = 4,2 kg/kWh, bei der Normalleistung (günstigster Dampfverbrauch) der Frischdampfturbine.

335 Wirtschaftlichkeit

Liegt der Volumenstrom in m^3/h und der Enddruck in kg/cm^2 abs. für ein Gebläse fest, dann ist der theoretische Leistungsbedarf des Gebläses N_{ad} in PS aus der in 312 — Verdichtungsarbeit — angegebenen Gleichung

$$N_{ad} = \frac{p_a \cdot Q_a}{27} \cdot 3{,}5 \left[\left(\frac{p_e}{p_a} \right)^{0{,}286} - 1 \right] \text{PS}$$

zu ermitteln.

Der Leistungsbedarf an der Kupplung N_k ist um die Strömungs-, Umsetzungs- und Reibungsverluste größer und beträgt

$$N_k = \frac{N_{ad}}{\eta_{ad-k}} .$$

Für die übliche Bauart der Gebläse als Radialgebläse sind für die verschiedenen Leistungsstufen der Gebläse die normal erreichbaren Werte für η_{ad-k} bei Normallast der Tabelle 3 zu entnehmen.

Die Prüfstands- und Betriebsmessungen an Kreiselgebläsen mit Bezug auf Feststellung der Kennlinie und der Wirkungsgrade brauchen sich nicht unbedingt zu decken. Bei der Abhängigkeit von Kennlinie und Wirkungsgrad von der Strömung und der großen Empfindlichkeit der Strömung verschlechtern Störungen, vor allem im Gebläseeinlauf, den Wirkungsgrad erheblich und beeinflussen den Verlauf der Kennlinie. Besonders empfindlich reagieren hier die Axialgebläse, während die Radialgebläse unempfindlich sind. Axialgebläse werden daher auch durch absichtliche Drallerzeugung vor dem Laufrad (Drallregler) geregelt.

4. Maschinen zur Wasserversorgung

41 Allgemeine Übersicht

Hüttenwerke haben bei der Fertigung ihrer Erzeugnisse einen sehr großen Bedarf an Kühlwasser, der mengenmäßig je nach der Verarbeitungstiefe und Zusammensetzung der

Werke in weiten Grenzen schwankt. Nach Einzelangaben wird für gemischte Hüttenwerke mit Hochofen-, Stahlwerks-, Walzwerks- und Weiterverarbeitungsbetrieben ein tatsächlicher Gesamtwasserbedarf einschließlich Umlaufwasser von (65) 115 bis 220 m^3 pro tRSt (Rohstahl), im Mittel 145 m^3/tRSt angegeben. Der Energiebedarf für die Förderung dieses Wassers wird mit 20 bis 40 kWh/tRSt angegeben, das sind etwa 10 bis 20 % des gesamten Strombedarfs eines gemischten Hüttenwerkes.

Diese Zahlen veranschaulichen die Wichtigkeit dieses Zweiges der Energieversorgung der Hüttenwerke. Es werden daher seit längerer Zeit Maßnahmen getroffen, durch laufende Messungen des Wasserverbrauches mit Venturirohren, Staurändern und Wassermessern und durch laufende Überwachung der Kühlwassertemperaturen den Verbrauch zu kontrollieren. Dadurch ist es möglich, Verlustquellen in der Wasserwirtschaft aufzuzeigen und sie durch geeignete Maßnahmen zu beseitigen.

Wassereinsparung bedeutet eine entsprechende Einsparung an Energie zur Förderung. Stromersparnisse können weiter durch wirtschaftlich arbeitende Fördereinrichtungen, d. h. Pumpen, die mit bestem Wirkungsgrad arbeiten, erzielt werden. Erst zuverlässige Meßwerte über die jeweilig benötigte Menge und Druckhöhe lassen die Auslegung der Pumpen auf den günstigsten Betriebspunkt zu. Andererseits sind natürlich im Interesse der absoluten Betriebssicherheit nicht alle Wünsche nach größtmöglichster Wirtschaftlichkeit zu erfüllen.

Der Wasserbedarf kann aus natürlichen Quellen, die in den seltensten Fällen zur Verfügung stehen, aus Oberflächenwasser, d. h. Bach- und Flußläufen oder Seen, oder aus dem Grundwasserstrom entnommen werden. Die Ansprüche, die an die Güte des Wassers gestellt werden, sind sehr unterschiedlich und sollten nicht zu hoch bemessen sein. Es wird zwischen Brauch- und Trinkwasser unterschieden. Sofern nicht Oberflächen- oder Grundwasser reichlich vorhanden ist, wird innerbetrieblich die Umlauf-Wasserwirtschaft angestrebt, bei der die Abwässer gereinigt und nur die ständigen Verluste (Verdunstung, schmutzige Abwässer, Spritzwasser usw.) durch Zusatz von Frischwasser gedeckt werden.

Der Wasserverbrauch in den Betriebsabteilungen mit dem größten Bedarf wird nach K. Guthmann und anderen wie folgt angegeben:

Hochofenbetrieb	10 — 100	m^3/tRE, i. M. 40—50 m^3/tRE
Gichtgasreinigung (neuzeitliche Bauart)	10 — 30	m^3/tRE, i. M. 15—20 m^3/tRE
Thomaswerk und Hilfsbetriebe	3 — 4	m^3/tRSt,
SM-Werk	6 — 38	m^3/tRSt, i. M. 12—18 m^3/tRSt
Elektrostahlofen	1,5 — 24,5	m^3/tRSt, i. M. 10 m^3/tRSt
Walzenstraßen und Walzwerksofen	8 — 55	m^3/tRSt, i. M. 12—18 m^3/tRSt
Kolbengasdynamo	etwa 60 kg/kWh	
Kondensationsturbine 60—70-fache Wassermenge bei 4 kg Dampf/kWh	etwa 260 kg/kWh.	

42 Grundlagen für Kreisel- und Kolbenpumpen

Die Gesamtförderhöhe einer Pumpe ergibt sich allgemein aus dem Unterschied des Energieinhaltes von 1 kg Förderflüssigkeit zwischen Eintritt und Austritt in mkg/kg, also in Meter Flüssigkeitssäule der geförderten Flüssigkeit. Die Wirkung der Pumpe ist somit von der Wirkung der Rohrleitung getrennt.

Da die am Manometer in Druckeinheiten (at) abgelesene manometrische Förderhöhe (H_{man}) je nach dem Gewicht der Flüssigkeitssäule verschieden ist, ist eine Umrechnung notwendig. Es ist H_{man} (at) = 0,0001 H (m Fl. S) $\cdot \gamma$ kg/m^3. Bei kaltem Wasser (15° C) als Förderflüssigkeit entfällt im allgemeinen diese Umrechnung, da hier $\gamma = 1000$ kg/m^3. Die Förderhöhe einer in Betrieb befindlichen Pumpe wird aus den gemessenen Drücken und Strömungsgeschwindigkeiten am Ein- und Auslauf bestimmt. Es ist

$$H\,[\text{m Fl. S.}] = 10\,000 \frac{p_D - p_S}{\gamma} + y + \frac{c_D^2 - c_S^2}{2g} \quad \text{(Bild 82)}$$

c_D, c_S [m/s] = Strömungsgeschwindigkeit am Druck- bzw. Saugstutzen
p_D, p_S [atü] = Druck am Druck- bzw. Saugstutzen
y [m] = Höhenunterschied der Manometer.

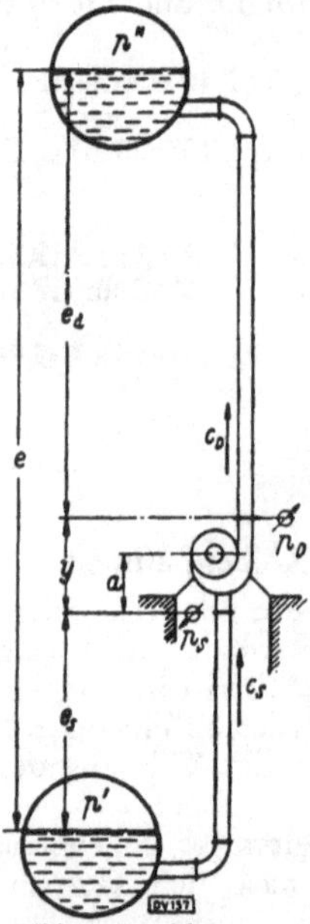

Bild 82. Bezeichnungen an einer Kreiselpumpenanlage (DIN 1944, S. 6, Abb. 1)

Der Förderstrom (Volumenstrom) Q ist die in der Zeiteinheit nutzbar gelieferte Flüssigkeitsmenge [m³/s]. Zum Förderstrom rechnen nicht Leckwasser und Wasser zur Kühlung der Lager oder für die Ausgleichsvorrichtung (hydraulische Gegenkraft) des Axialschubs. Die Förderleistung einer Pumpe ergibt sich aus dem Produkt von Förderstrom und Förderhöhe. Die Nutzleistung in PS ergibt sich aus der Förderleistung zu

$$N_n\,[\mathrm{PS}] = \frac{\gamma \cdot [\mathrm{kg/m^3}] \cdot Q\,[\mathrm{m^3/s}] \cdot H\,[\mathrm{m\,Fl.S.}]}{75}$$

Der Leistungsbedarf an der Kupplung N [PS] ist um die in der Pumpe auftretenden Verluste durch Leck-, Spalt-, Wirbel-, Radreibungs- und mechanische Reibungsverluste größer als die Nutzleistung. Der Wirkungsgrad ergibt sich, wenn Nutz- und Kupplungsleistung bekannt sind, zu

$$\eta = \frac{N_n}{N}.$$

43 Verwendungsgebiete der Kreisel- und Kolbenpumpen

Die Betriebseigenschaften der Kreisel- und Kolbenpumpen weisen grundlegende Unterschiede auf, die ihren Einsatz für die einzelnen Verwendungsgebiete bestimmen.

Die Kreiselpumpe liefert einen gleichmäßigen Förderstrom. Auch größte Förderströme sind mit einer Einheit zu fördern. Größere Förderhöhen sind jedoch nur mit höheren Drehzahlen und in mehrstufiger Ausführung zu erzielen.

Das Verhältnis zwischen Förderstrom und Förderhöhe bestimmt maßgeblich den Wirkungsgrad. Bei kleinem Verhältnis Q/H sind nur niedrige Wirkungsgrade (bis zu 30 % und weniger) zu erreichen. Mit größer werdendem Q/H werden die Wirkungsgrade besser und steigen u. U. bis zu 90 % und mehr.

Die Art der geförderten Flüssigkeit beeinflußt ebenfalls den Wirkungsgrad, der bei Förderung von zähen Flüssigkeiten sinkt.

Kreiselpumpen sind stets geeignet für direkte Kupplung mit Elektromotoren oder Dampfturbinen mit den üblichen Drehzahlen zwischen (640) 1000 und 3000 U/min, bei Dampfturbinen häufig bis zu 6000 U/min. Nur bei langsam laufenden Antriebsmaschinen ist ein Übersetzungsgetriebe notwendig. Bei der Kreiselpumpe besteht eine

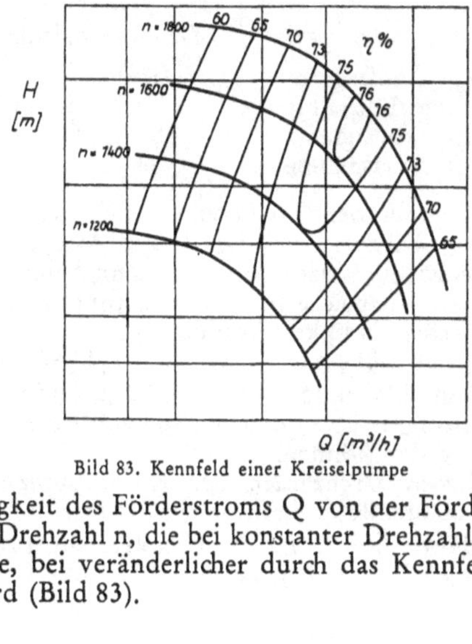

Bild 83. Kennfeld einer Kreiselpumpe

Abhängigkeit des Förderstroms Q von der Förderhöhe H und der Drehzahl n, die bei konstanter Drehzahl durch die Kennlinie, bei veränderlicher durch das Kennfeld dargestellt wird (Bild 83).

Die Kreiselpumpe ist entweder durch Drehzahländerung oder durch Verringerung des Förderstromes Q (Drosseln) zu regeln. Die Regelung durch Drosseln verringert in der Regel den Wirkungsgrad. Kreiselpumpen in normaler Bauart saugen nicht selbsttätig an, sofern nicht die Flüssigkeit zufließt. Sie können erst nach Entlüften oder Auffüllen der Saugleitung angefahren werden. Kreiselpumpen werden auf Hüttenwerken vorwiegend zur Förderung von kaltem und heißem (bis 70 ° C und mehr) Wasser als Brauchwasser und Trinkwasser, von Schlammwasser, Schmutzwasser, geklärtem Hochofenwasser und auch außerhalb der Wasserversorgung für andere Flüssigkeiten wie Öl u. a. angesetzt. Angenäherte Werte für das erreichbare Druckverhältnis der verschiedenen Bauarten von Kreiselpumpen gibt die nachstehende Übersicht.

Als Fördermittel ist Wasser angenommen und der Ansaugdruck p_s beträgt 1 ata

Bauart	Druckverhältnis p_D/p_S
einstufige Radialpumpe	3—(8)
mehrstufige Radialpumpe	bis 30 und mehr
einstufige Schraubenpumpe	bis 2,2
einstufige Axialpumpe	bis 2,5

Die Kolbenpumpen haben einen mehr oder weniger pulsierenden Förderstrom, zu dessen Ausgleich Windkessel angeordnet werden, die vor allem beim Anfahren den Förderstrom speichern, bis der Leitungsinhalt auf die volle Fließgeschwindigkeit beschleunigt ist.

Förderstrom und Förderhöhe sind unabhängig voneinander, und gute Wirkungsgrade (bis 90 % und mehr) sind bei allen Flüssigkeiten zu erzielen, die von Kolbenpumpen gefördert werden können.

Die üblichen Drehzahlen der Kolbenpumpen liegen zwischen 100 und 300 U/min, selten darüber.

Größte Förderhöhen sind auch bei kleinem Förderstrom und niedrigen Drehzahlen zu erreichen. Die Förderhöhe entspricht immer dem Druck, gegen den die Pumpe arbeitet und stellt sich daher von selbst ein. Sie ist nur begrenzt durch das Drehmoment, das der Antrieb maximal aufbringt und durch die Festigkeit der Bauteile.

Der Förderstrom kann ohne Einbuße im Wirkungsgrad durch Drehzahländerung geregelt werden. Bei unveränderlicher Drehzahl wird der Förderstrom im allgemeinen bei entsprechend niederen Wirkungsgraden durch einen Umlauf geregelt, durch den ein Teil des Förderstromes von der Druck- zur Saugseite zurückgeführt wird.

Kolbenpumpen werden auf Hüttenwerken vorwiegend als Ein-, Zwei- oder Dreiplungerpumpen für Betriebsdrücke von 6 atü bis 640 atü und Förderströme von den kleinsten bis zu etwa 1050 l/min (640 atü) und 1600 l/min (200 atü) gebaut.

44 Kreiselpumpen

441 Betriebsverhalten

Die Energieumsetzung findet bei der Kreiselpumpe in der gleichen Weise statt wie bei dem Kreiselgebläse (3331). Die mechanische Energie wird über die Antriebswelle durch das Laufrad auf das strömende Medium, das in diesem Falle als Flüssigkeit praktisch inkompressibel ist, übertragen.

Das Betriebsverhalten der Kreiselpumpe wird durch die Kennlinie dargestellt, die bei konstanter Drehzahl die Änderung des Förderstromes mit der Förderhöhe aufzeigt. Die Kreiselpumpe regelt sich damit selber. Für verschiedene Drehzahlen ergeben sich bei der gleichen Kreiselpumpe verschiedene Kennlinien, die, in das gleiche Diagramm eingezeichnet, das Kennfeld bilden. Dieses Kennfeld kann noch dadurch vervollständigt werden, daß man die Kennpunkte gleicher Leistung oder gleichen Wirkungsgrades einträgt und durch Linien miteinander verbindet (Bild 85).

Die Kreiselpumpe arbeitet nur störungsfrei, solange innerhalb der Pumpe keine Dampfbildung (Kavitation) auftritt, d. h. solange an keiner Stelle innerhalb der Pumpe der Druck unter den dem Flüssigkeitszustand entsprechenden Sättigungsdruck sinkt.

Unter der Voraussetzung störungsfreien Arbeitens der Kreiselpumpe (keine Kavitation) sind die zusammengehörigen Kennlinien durch ein Ähnlichkeitsgesetz (Affinitätsgesetz) untereinander verbunden. Für zwei verschiedene Betriebszustände sind bei geometrisch ähnlichen Strömungen auch die Geschwindigkeitsdreiecke geometrisch ähnlich, d. h. jeder Kennpunkt (Q, H, n) einer Kennlinie geht in einen anderen Kennpunkt (Q_x, H_x, n_x) einer anderen Kennlinie n_x über, wobei

$$Q_x = \left(\frac{n_x}{n}\right) \cdot Q; \quad H_x = \left(\frac{n_x}{n}\right)^2 \cdot H; \quad N_x = \left(\frac{n_x}{n}\right)^3 \cdot N.$$

Die Gestalt der Kennlinie, die Wirkungsgrad- und Leistungskurve, ist maßgebend von Bauart und Schaufelung des Laufrades abhängig. Der maximal erreichbare Wirkungsgrad wird außerdem noch, wie allgemein bei Strömungsmaschinen (Aufwertung), durch die Ausführungsgröße eines Pumpentyps bestimmt.

Die Pumpeneigenschaften kommen in einer charakteristischen Kennzahl in der systematischen Ordnung der bestehenden Bauarten zum Ausdruck, der „Schnelläufigkeit". Das ist die Drehzahl der idealen Pumpe, die der ausgeführten Pumpe geometrisch ähnlich ist, und die bei dieser Drehzahl einen Förderstrom von 1 m^3/s auf 1 m Förderhöhe liefert. Am Kennpunkt des größten Wirkungsgrades stehen die Betriebsdaten der ausgeführten Pumpen [U/min]; Q [m^3/s]; H [m] je Förderstufe zur Schnelläufigkeit n_q in der Beziehung:

$$n_q = n \frac{\sqrt{Q}}{H^{3/4}}.$$

Bei den verschiedenen Schnelläufigkeiten ergeben sich die in Bild 84 dargestellten Laufradtypen. Der Einfluß der Schnelläufigkeit auf die Gestalt der Kennlinien, Wirkungsgrad und Leistungskurven ist aus Bild 85 ersichtlich.

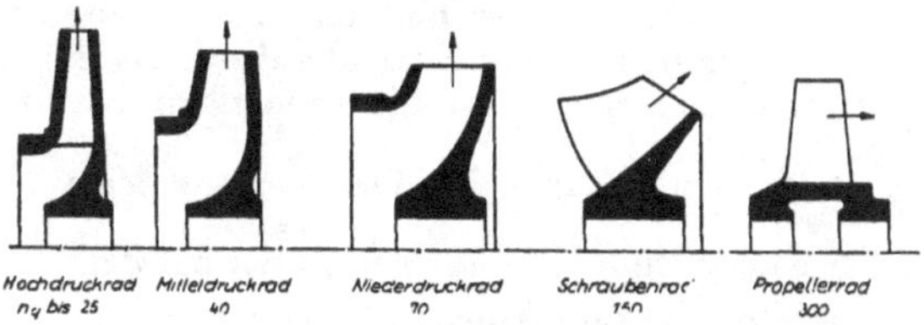

Bild 84. Laufradtypen — Schnelläufigkeit

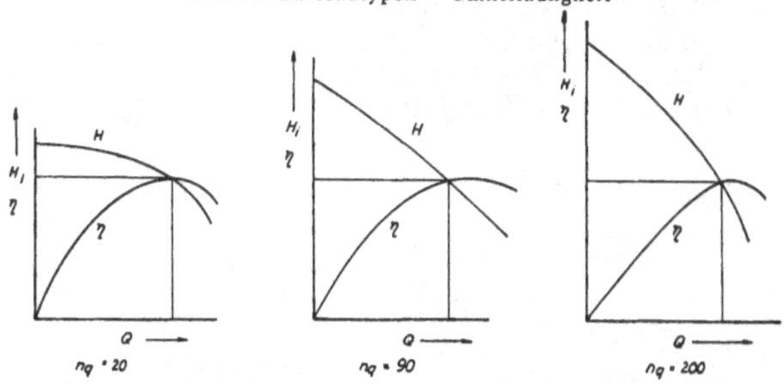

Bild 85. Kennlinien bei verschiedener Schnelläufigkeit

442 Saughöhe

Da ein störungsfreier Betrieb der Kreiselpumpe nur dann möglich ist, wenn innerhalb der Pumpe keine Kavitation (Dampfbildung) auftritt, muß der absolute Druck am Saugstutzen um einen gewissen Betrag höher sein als der dem Flüssigkeitszustand entsprechende Sättigungsdruck (p_t). Dieser Druckunterschied wird als Mindestzulaufhöhe Δh bezeichnet, unter der man sich diejenige Zulaufhöhe vorstellen kann, die bei Förderung einer im Siedezustand befindlichen Flüssigkeit im Saugstutzen der Pumpe mindestens noch vorhanden sein muß, um Verdampfung zu vermeiden. Diese Mindestzulaufhöhe Δh ist rechnerisch nur angenähert zu ermitteln. Sie muß für jedes Laufrad durch Versuche bestimmt werden. Die Saugverhältnisse einer Kreiselpumpe bestimmen folgende Bedingungen:

Der Druck am Saugstutzen muß um die Mindestzulaufhöhe Δh größer sein als der Sättigungsdruck der Flüssigkeit. Andererseits ist er um die geodätische Saughöhe $[H_{sgeod}]$, die Geschwindigkeitshöhe $\left[\frac{c_s^2}{2g}\right]$ und den Widerstand der Saugleistung $[Z_s]$ kleiner als der auf dem Saugspiegel lastende absolute Druck [p']. Die geodätische Saughöhe ist hierbei der Höhenunterschied zwischen Saugspiegel und Wellenmitte der Pumpe, bzw. bei Pumpen mit senkrechter Welle dem untersten Radeinlauf. Danach wird die geodätische Saughöhe

$$H_{sgeod} \leqq 10000 \cdot \frac{p'}{\gamma} - 10000 \cdot \frac{Pt}{\gamma} - \Delta h - \frac{c_s^2}{2g} - Z_s.$$

Hierin $\gamma\,[\mathrm{kg/m^3}]$

$Z_s\,[\mathrm{m\ Fl.\ S}]$.

Ergibt sich für $H_{s\,geod}$ ein negativer Wert, dann bedeutet das, daß eine Zulaufhöhe gleicher Größe $H_{s\,geod}$ notwendig ist (Bild 86).

Beim Saugen aus einem Flüssigkeitsspiegel, auf dem die freie Atmosphäre (A) in m Flüssigkeitssäule lastet, wird

$$A\,[\mathrm{m\ Fl.\ S}] = 10000\,\frac{p'}{\gamma} = \frac{10330 \cdot b\,[\mathrm{Torr}]}{760 \cdot \gamma}.$$

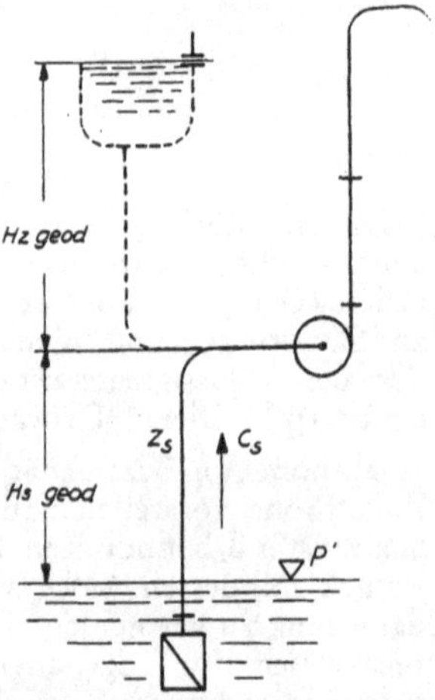

Bild 86. Saughöhe

Bei Förderung von Flüssigkeiten, deren Temperatur nahe dem Siedepunkt liegt, rufen bereits geringe Temperaturschwankungen eine erhebliche Änderung der geforderten Saug- bzw. Zulaufhöhe hervor. Bei der Berechnung müssen also die höchsten im Betriebe möglichen Temperaturen mit ausreichender Sicherheit zugrunde gelegt werden.

Weiterhin muß berücksichtigt werden, daß Wasser und andere Flüssigkeiten Luft und Gase gelöst enthalten können. Die Lösungsmenge wird mit dem Druck größer. Bei Drucksenkung scheiden sich gelöste Gase in Blasen aus. Weitere Gasmengen können durch undichte Saugleitungen und Sperrorgane eindringen. Bei größeren Saughöhen führen die expandierenden Gasblasen ähnlich wie echte Dampfbildung zu Störungen im Betrieb der Pumpe. Auch wenn höhere Werte möglich sind, sollte daher die manometrische Saughöhe der Kreiselpumpe auf etwa 7,5 [m WS] beschränkt bleiben.

Unter der manometrischen Saughöhe ($H_{s\,man}$) ist der mit einem Manometer am Saugstutzen gemessene Differenzdruck zwischen der äußeren Atmosphäre A und dem absoluten Druck in der Leitung zu verstehen.

$$H_{s\,man} [\text{m Fl. S}] = A - 10000\,\frac{p'}{\gamma} - H_{s\,geod} - \frac{c_s^2}{2g} - Z_s.$$

443 Einfluß der Betriebsbedingungen

Entsprechend der Gestalt der Kennlinie stellt sich der von einer Kreiselpumpe gelieferte Förderstrom Q je nach der zu überwindenden Förderhöhe H selbsttätig ein. Die zu überwindende Förderhöhe besteht aus einem statischen Anteil H_{st}, der vom Förderstrom unabhängig ist, und einer Widerstandshöhe Z, die mit wechselndem Förderstrom quadratisch zunimmt, und die durch die Gestalt und Länge der Rohrleitung und ihrer Armaturen bedingt ist. Die „Rohrleitungskennlinie" ergibt sich aus der Summe $H_{st} + Z$ (Bild 87). Die Kreiselpumpe stellt sich selbsttätig auf den Betriebspunkt ein, der durch den Schnittpunkt von Kennlinie und Rohrleitungskennlinie gegeben ist. Ändert sich die Gestalt der Rohrleitungskennlinie, beispielsweise durch Drosseln eines Schiebers in der

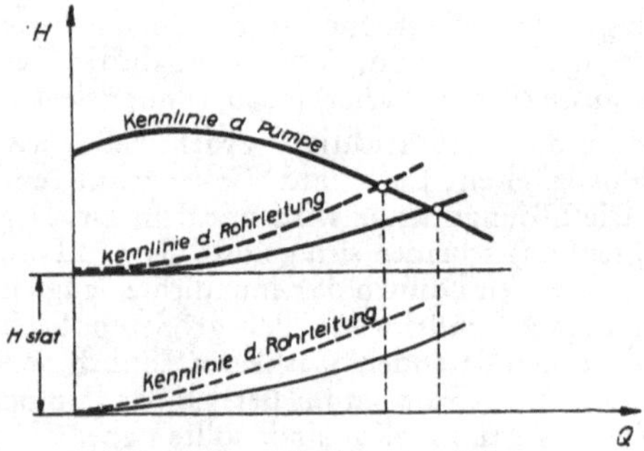

Bild 87. Rohrleitungskennlinie

Rohrleitung, dann stellt sich die Kreiselpumpe selbsttätig auf den neuen Betriebspunkt ein. Bild 88 zeigt die Verhältnisse bei Regelung der Fördermenge durch Drosselung. Jeder Stellung des Drosselschiebers entspricht eine andere Kennlinie der Rohrleitung, die jeweils wieder einen anderen Betriebspunkt bedingt.

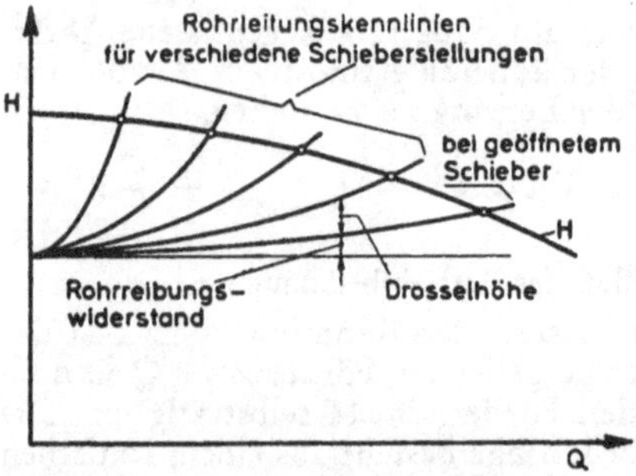

Bild 88. Fördermengenregelung durch Drosselung (KSB-Druckschrift: Pumpen, S. 86, Abb. 21, 3)

Das parallele Arbeiten von mehreren Kreiselpumpen auf eine Rohrleitung oder von einer Kreiselpumpe auf parallel geschaltete Rohrleitungen läßt sich mit Hilfe der resultierenden Kennlinien verfolgen. Fördern mehrere Pumpen parallel in die gleiche Rohrleitung, dann findet man die gemeinsame Kennlinie aller Pumpen durch Addition der zur gleichen Förderhöhe gehörenden Förderströme der einzelnen eingeschalteten Kreiselpumpen. Die gemeinsame Kennlinie von mehreren Rohrleitungen verschiedener Lichtweite ergibt sich aus der Addition der zur gleichen Widerstandshöhe Z gehörenden Förderströme.

444 Konstruktive Ausführung

Eine Niederdruckpumpe für große Förderleistung, wie sie für Wasserwerksanlagen geeignet ist, zeigt Bild 89.

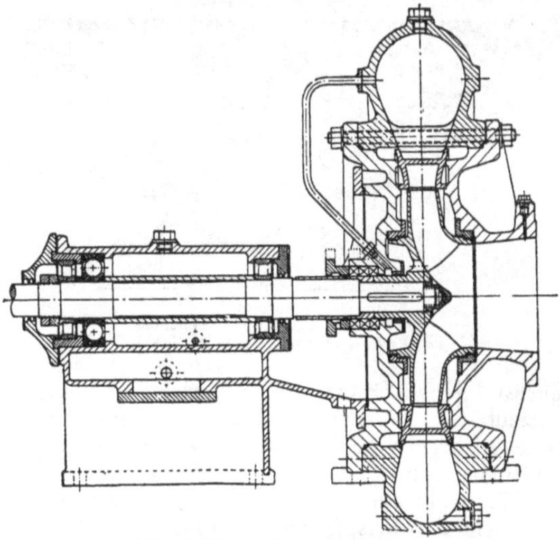

Bild 89. Schnitt Niederdruckpumpe
(Pfleiderer, Die Kreiselpumpen, S. 444, Bild 282)

Der Lagerblock trägt das angeflanschte Spiralgehäuse, das sich noch unmittelbar am Fundament abstützt. Lauf- und Leitrad bestehen aus zinkfreier Phosphorbronze. Die axiale Lage des Saugstutzens ist strömungstechnisch günstig. Der restliche Axialschub wird durch Wälzlager aufgenommen.

Eine Mitteldruckpumpe für große Förderleistung zeigt Bild 90. Die Pumpe ist zweiflutig, d. h. doppelseitig saugend ausgebildet, um große Mengen mit einem Laufrad

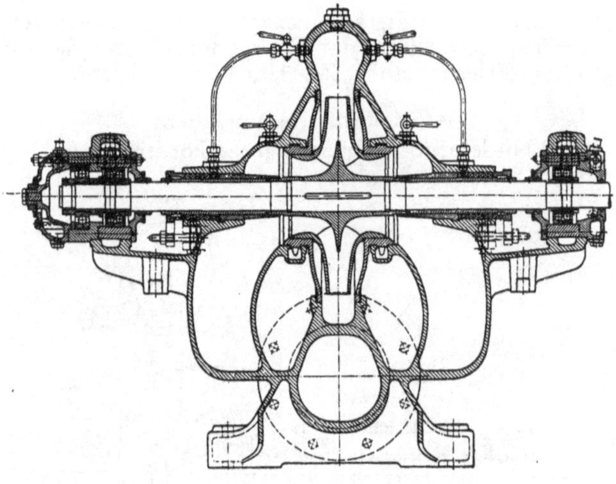

Bild 90. Schnitt Mitteldruckpumpe
(Pfleiderer, Die Kreiselpumpen, S. 451, Bild 290)

möglichst kleinen Durchmessers fördern zu können. Ein Axialschub tritt bei dieser Bauart nicht auf. Das Spurlager legt lediglich den Läufer in seiner Lage gegenüber dem Gehäuse fest.

Bei Fördermitteln, die starke mechanische Abnutzung verursachen, also beispielsweise Schmutzwasser, verunreinigt durch Schlacke, Sand, Asche, werden die Gehäuse der Kreiselpumpen durch eingesetzte Futterwände geschützt (Bild 91). Der Stopfbuchse, ebenso wie bisweilen auch den Schleifrändern der Laufräder, wird reines Wasser als Sperrflüssigkeit zugeführt.

Mehrstufige Kreiselpumpen werden in zwei Ausführungsformen, dem „Gehäusetyp" und dem „Ringtyp" hergestellt. Beim Gehäusetyp sind sämtliche Stufen, d. h. die Lauf- und Leiträder, mit Umführungsstücken in einem gemeinsamen Gehäuse untergebracht und durch die Gehäusedeckel zusammengehalten. Für den Fall des Ausbaues

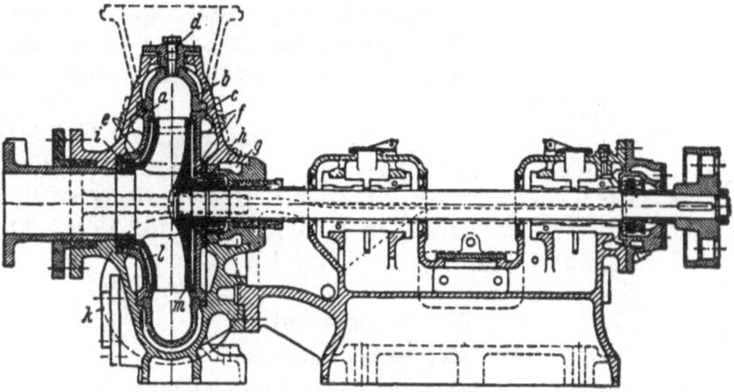

Bild 91. Schnitt Schmutzwasserpumpe
(Pfleiderer, Die Kreiselpumpen, S. 465, Bild 310)

bleibt das Gehäuse mit anschließenden Rohrleitungen stehen, die im Gehäuse zentrierten Teile werden in achsialer Richtung ausgebaut. Wegen der mit diesem Ausbau

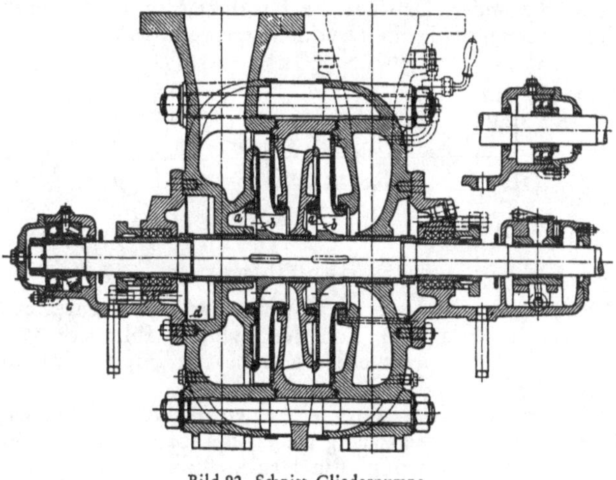

Bild 92. Schnitt Gliederpumpe
(Pfleiderer, Die Kreiselpumpen, S. 438, Bild 276)

und Wiedereinbau verbundenen Schwierigkeiten wird heute das Gehäuse häufig in der waagerechten Mittelebene geteilt, so daß das Laufzeug senkrecht und nach oben ausgebaut werden kann.

Der Ringtyp (Gliederpumpe) ist aus einzelnen Gehäuseringen aufgebaut, die über die Welle geschoben und mit Zugankern zusammengehalten werden. Bei normalen Bauarten hat sich im Falle der Wasserförderung dieser Typ in Deutschland durchgesetzt (Bild 92).

45 Kolbenpumpen

451 Wirkungsweise

Kolbenpumpen fördern geringe und auch größere Förderströme von Flüssigkeiten mit guten Wirkungsgraden auf hohe Drücke. Ihre Wirkungsweise besteht darin, daß in einem mit Flüssigkeit gefüllten Zylinder ein Kolben (Plunger) hereingepreßt wird, der infolge seiner Verdrängerwirkung nach Überwinden des auf dem Druckventil lastenden Druckes die Flüssigkeit unter Anheben des Druckventils in die Druckleitung preßt (Bild 93). Beim

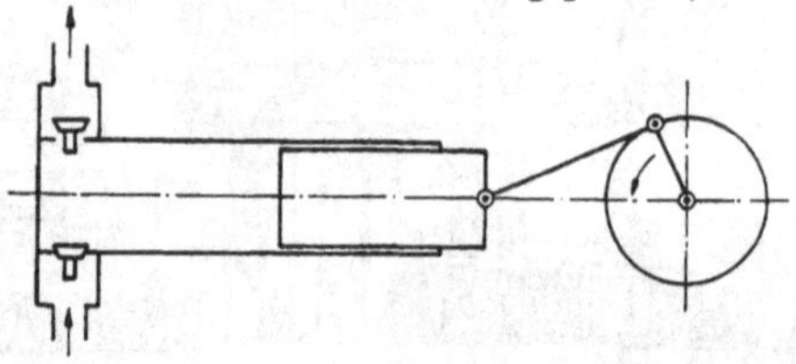

Bild 93. Schema Kolbenpumpe

Rückgang des Kolbens schließt sich das Druckventil, das Saugventil öffnet sich, und der Zylinder füllt sich von neuem. Die Pumpen werden einfach- und doppelwirkend ausgeführt.

Der Förderstrom eines einzelnen einfach wirkenden Plungers verläuft zeitweilig aussetzend (Saugperiode) und angenähert sinusförmig. Ein Druckwindkessel hinter der Maschine gleicht den sich bei jeder Kurbelumdrehung ergebenden Überschuß und die Fehlbeträge im Förderstrom aus, so daß sich ein verhältnismäßig gleichmäßiger Abfluß ergibt. Durch Anwendung von mehreren phasenversetzt arbeitenden Plungern läßt sich die pulsierende Förderung fast ganz ausgleichen. Die fluktuierenden Fördervolumina betragen unter der Annahme unendlich langer Schubstangenlänge, d. h. rein sinusförmigen Förderstromes:

	einfachwirkend:	55 %	des Gesamtvolumens
180° versetzt	zweifachwirkend:	21 %	„ „
120° „	dreifachwirkend:	0,9 %	„ „
90° „	vierfachwirkend:	2,4 %	„ „

Die dreifachwirkende (Drillings-) Pumpe mit unter 120° versetzten Kurbeln fördert danach sogar gleichmäßiger als die Vierlingspumpe mit 90° Kurbelversetzung. Bei größeren Preßpumpenanlagen für hohe Drücke werden daher fast nur Drillingspumpen gebaut.

Das theoretische Fördervolumen in der Zeit (der theoretische Volumenstrom) einer einfach wirkenden Plungerpumpe beträgt:

Q_{th} [m³/h] $= z \cdot F \cdot s \cdot n \cdot 60$ hierin bedeutet:

z = Anzahl der Plunger

F [m²] = Plungerfläche

s [m] = Plungerhub

n [U/min] = Zahl der Umdrehungen in der Minute.

Der wirkliche Volumenstrom Q ist um die Verluste durch Undichtheiten des Kolbens, der Ventile oder sonstiger Steuerorgane geringer. Diese Verluste werden im Ausnutzungsgrad λ_H berücksichtigt

$$Q = Q_{th} \cdot \lambda_H,$$

der bei Pumpen guter Ausführung $\lambda_H = 0{,}95 - 0{,}97$ beträgt.

Aus dem Volumenstrom Q [m³/h] und der Förderhöhe H [m Fl. S] errechnet sich die an der Kupplung oder Riemenscheibe der Pumpenwelle zuzuführende Leistung

$$N\,[\mathrm{PS}] = \frac{\gamma \cdot Q \cdot H}{\lambda_H \cdot \eta_m \cdot 75}.$$

Der mechanische Wirkungsgrad η_m, kann hierin mit etwa 0,95, bei guter Ausführung der Pumpen mit etwa 0,97 angenommen werden.

452 Konstruktive Ausführung

In Bild 94 ist eine Drillingspumpe mit zweifach gelagerter Kurbelwelle dargestellt. Die drei getrennten Pumpenkörper aus Stahl sind mit nebeneinanderliegenden

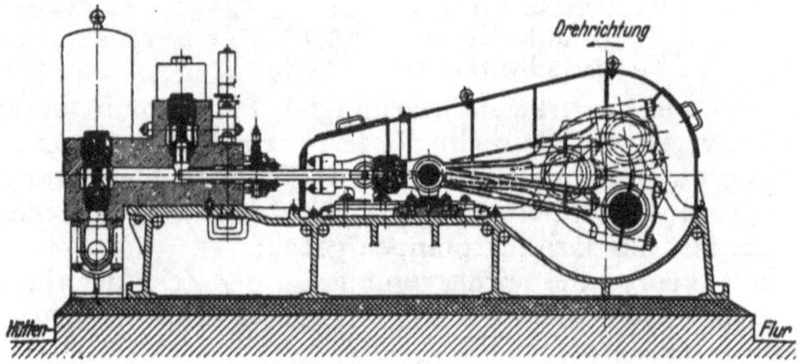

Bild 94. Schnitt Drillings-Druckwasserpumpe (Müller, Hydr. Pressen, 1955, S. 250, Bild 220)

Saug- und Druckventilen ausgerüstet. Andere Ausführungen verwenden übereinanderliegende Ventile. Die Pumpenkörper sind in einem Rahmen aus Gußeisen gelagert. Die Hauptlager für die Kurbelwelle sind mehrteilig und nachstellbar. Die Plunger bestehen aus Stahl und sind an der Oberfläche gehärtet. Die Abdichtung erfolgt durch Nutringe, Dachmanschetten oder Lippenringe aus Chromleder oder Kunststoffen oder durch Weichpackungen. Ventile und Ventilsitze werden aus V 2a-Stahl oder Sonderbronzen gefertigt. Vor der Pumpe ist ein kleiner Saugwindkessel angeordnet, der Wasserschläge verhindert und zum ruhigen Lauf der Maschine beiträgt. Sämtliche Lager werden von einer Drucköl-Umlaufschmierung versorgt, wobei besonders darauf geachtet wird, daß kein Leckwasser aus der Pumpe in den Ölkreislauf dringen kann.

453 Druckwasseranlagen

Die Druckwasseranlage liefert das Druckwasser als Energiemittler für rein hydraulische Schmiedepressen. Sie besteht aus den Preßpumpen, den Druckwasser-Akkumulatoren und den Hilfseinrichtungen. Das Wasser fließt aus einem Sammelbehälter den Pumpen zu, die es in den Druckluft-Akkumulator drücken. Von dort kommt es über eine Steuerung in den Zylinder der Presse und fließt nach Beendigung des Arbeitshubes über die Steuerung zurück in einen Windkessel und von dort wieder in den Sammelbehälter.

Die Druckwasserpumpen können bis etwa 100 atü und bei genügend großem Förderstrom auch als Kreiselpumpen gebaut werden. Für höhere Drücke kommen Kolbenpumpen in Betracht. Bei Pressen bis etwa 3000 t hat sich ein Betriebswasserdruck um 200 atü, in Sonderfällen ein noch höherer als wirtschaftlichster Druck erwiesen.

Der Druckluft-Akkumulator besteht in der Regel aus einer Wasserflasche und einer Batterie Luftflaschen. An einen Akkumulator können gleichzeitig mehrere Pressen angeschlossen werden, die unabhängig voneinander arbeiten. Der nutzbare Druckwasserinhalt der Wasserflasche muß den größten vorübergehend auftretenden Druckwasserbedarf, der den Förderstrom der Pumpe überschreitet, decken können.

Zu den Hilfseinrichtungen gehören die selbsttätig arbeitenden Steuerapparate, die Armaturen und der Hochdruckkompressor.

Die Steuerapparate setzen bei Erreichen des höchsten Wasserstandes im Akkumulator die Pumpe still und fahren sie nach einer bestimmten Wasserentnahme wieder an. Bei entleertem Akkumulator sperren sie die Anschlußleitung ab, damit die Druckluft nicht entweichen kann. Endlich zeigen sie den jeweiligen Wasserstand im Akkumulator an. Für diese Aufgabe gibt es eine Reihe von konstruktiven Lösungen.

Der Hochdruckkompressor dient zum Auffüllen des Akkumulators mit Druckluft und zum Nachfüllen der Luftverluste durch Undichtigkeiten.

Bild 95 zeigt eine Druckwasseranlage mit einer Wasserflasche der Hydraulik G. m. b. H. Duisburg.

Bild 95. Druckwasseranlage (Müller, Hydr. Pressen, 1955, S. 246, Bild 217)

Tabelle 1

Normal bei Bestlast erreichbare Wirkungsgrade η für Wasserrohrkessel der Hüttenkraftwerke

Feuerungsart	Dampf-leistung t/h	Mager-kohle %	Fett-kohle %	Gicht-gas %
Zonenwanderrost (160 ° C Abgastemperatur am Aggregatende)	bis 10	82,0	84,5	—
	20/25	83,0	86,0	—
	40/50	84,0	86,5	—
Kohlenstaubfeuerung 160 ° C Abgastemper.	40/50	84,0	87,0	—
	80/100	84,5	87,5	—
Gichtgasfeuerung (220 ° C Abgastemperatur)	bis 10	—	—	83,0
	20/25	—	—	84,5
	40/50	—	—	85,0
	80/100	—	—	85,5
Kombin. Feuerung Rost/Kohlenstaub und Gichtgas (Bestpunkte bei 2/3 Kohle 1/3 Gas)	bis 10	82,0	83,5	—
	20/25	83,0	85,0	—
	40/50	84,0	85,5	—
	80/100	84,5	86,0	—

η im Sinne der VDI-Dampfkesselregeln DIN VDI 1942 Ziffer 94. Die Werte basieren auf der jeweiligen Regelleistung, wobei eine oben bei der Feuerungsart vermerkte Abgastemperatur zugrunde liegt.

Für je 1000 h Reisezeit kann eine Verschlechterung des Wirkungsgrades um 0,5 Punkte bei kohlegefeuerten und 0,25 Punkte bei gasgefeuerten Kesseln in Anspruch genommen werden. Eigenbedarf der Anlage ist nicht berücksichtigt.

Tabelle 2 Blatt 1

Werte für Wirkungsgrade
(thermodynamische Wirkungsgrade an der Kupplung)

I. Gegendruckturbinen
in normaler Ausführung

1. Dampfzustand vor der Turbine 22 ata, 440 ° C
Gegendruck 5 ata
Gefälle (adiabatisch) $\Delta i = 96$ kcal/kg

Leistung an der Kupplung kW (Höchstleistung)	Wirkungsgrad % bei Bestleistung (80 % der Höchstleistung)
1000	63,5
1250	66
1600	68,5
2000	71
2500	72,5
3200	74
4000	75
5000	76,5

2. Dampfzustand vor der Turbine 36 ata, 440 ° C
Gegendruck 5 ata
Gefälle (adiabatisch) $\Delta i = 120$ kcal/kg

Leistung an der Kupplung kW (Höchstleistung)	Wirkungsgrad % bei Bestleistung (80 % der Höchstleistung)
2500	67,5
3200	70
4000	72
5000	74
6300	75,5

Tabelle 2 Blatt 2

II. Kondensationsturbinen

a) Direkt gekuppelt (n = 3000)

(Höchst-) Leistung der Kupplung kW	Wirkungsgrad % bei Bestleistung 15 ata, 350° C Δ i = 221 kcal/kg	22 ata, 370° C Δ i = 241 kcal/kg	36 ata, 440° C Δ i = 247 kcal/kg	57 ata, 490° C Δ i = 303 kcal/kg
2000	70	—	—	—
4000	75	73	71,5	70
5000	76	74	72,5	71
6300	77	75,5	74	72,5
8000	78	77	75,5	73,8
10000	79	78,5	77	75,3
12500	79,5	79	77,5	76
16000	80	79,5	78,3	76,8
20000	80,5	80	78,8	77,3
25000	—	80,7	79,8	78,3
32000	—	81,5	80,8	79,3

Tabelle 2 Blatt 3

b) Getriebeturbinen

(Höchst-) Leistung kW	Drehzahl U/min	Wirkungsgrad % bei Bestleistung 22 ata, 370° C Δ i = 241 kcal/kg	36 ata, 440° C Δ i = 273 kcal/kg
400	9 000	63	61
800		67	65
1 000	7 500	68	66
1 250		69	67
2 000	6 000	70,5	69
3 200		72	70,5

Die obenstehenden Zahlen gelten unter der Voraussetzung von Rückkühlung. Im Fall von Frischwasserkühlung sind sie um rd. 1 Punkt herunterzusetzen. Eigenbedarf der Kondensation ist nicht berücksichtigt.

Der Wirkungsgrad bei Höchstleistung ist im allgemeinen um 1—1,5 Punkte schlechter, der Dampfverbrauch bei Höchstleistung entsprechend höher.

Für je 4000 h Reisezeit kann eine Verschlechterung des Wirkungsgrades um 0,4 Punkte in Anspruch genommen werden.

Der spezifische Dampfverbrauch, bezogen auf die Leistung an der Kupplung, ist gleich dem spezifischen Dampfverbrauch, bezogen auf die Leistung an den Klemmen des Stromerzeugers multipliziert mit dem Wirkungsgrad des Stromerzeugers.

Die Wirkungsgrade der Turbo-Stromerzeuger sind:

bis 20 000 kW = 94,0 %
über 20 000 kW = 95,0 %

Tabelle 3

Gebläse (ungekühlt)
Werte für Wirkungsgrade
Ansaugdruck 1 ata 20 ° C Ansaugtemperatur

Eigenbedarf der Gebläse ist nicht berücksichtigt.

Bei Gebläsen, die über ein Getriebe angetrieben werden, kann der Getriebeverlust durch Verminderung der angeführten Wirkungsgrade um 1 – 1,5 Punkte berücksichtigt werden.

Enddruck 0,7 – 1 atü		Enddruck 1 – 1,5 atü	
Ansauge-Volumenstrom m³/h	Wirkungsgrad % (adiabatisch)	Ansauge-Volumenstrom m³/h	Wirkungsgrad % (adiabatisch)
8 000	65	8 000	64
12 500	67	12 500	66,5
20 000	70	20 000	69,3
31 500	72,5	31 500	71,8
40 000	73,8	40 000	73
50 000	74,8	50 000	74
63 000	75,8	63 000	75,3
80 000	76,7	80 000	76,3
100 000	77,3	100 000	76,8
125 000	77,5	125 000	77

Enddruck 2,5 atü

Ansauge-Volumenstrom m^3/h	Wirkungsgrad % (adiabatisch)
8 000	63
12 500	65,3
20 000	68
31 500	70,3
40 000	71,8
50 000	73
63 000	73,8
80 000	74,5
100 000	75,2
125 000	75,5

Zeitschriften

Brown, Boveri & Cie — Mitteilungen.
Demag-Nachrichten.
Konstruktion — Zeitschrift für das Berechnen, Konstruieren von Maschinen, Apparaten und Geräten.
MTZ — Motortechnische Zeitschrift.
Stahl und Eisen — Zeitschrift für das Eisenhüttenwesen.
Technische Mitteilungen — Vulkan-Verlag, Essen.
Technische Rundschau — Sulzer.
VDI Zeitschrift.

Druckschriften der Firmen

AG. Brown, Boveri & Komp., Mannheim.
Demag AG., Duisburg.
Gutehoffnungshütte Oberhausen (GHH).
Hydraulik-AG., Duisburg.
KSB - Amag, Frankenthal (Pfalz).
Maschinenfabrik Augsburg-Nürnberg AG (MAN).
Mohr & Federhaff AG, Mannheim.
Schloemann AG, Düsseldorf.
Paul Wolff KG, Duisburg.

Schrifttumsverzeichnis

Zu 1. Aumund, H. u. Knaust, H.: Hebe- und Förderanlagen. Verlag Julius Springer, Berlin 1950.
Ernst, Helmut: Die Hebezeuge, Band I—III. Friedr. Vieweg & Sohn, Braunschweig 1953.

Zu 2. Dietzel: Dampfturbinen, Berechnung — Konstruktion — Kondensation — Regelung — Betriebsverhältnisse. Bertelsmann-Verlag, 1950.
Kruschik: Die Gasturbine, Theorie — Konstruktion und Anwendung. Springer-Verlag, Wien 1952.
Marcard: Die Dampfkessel und Feuerungen einschl. Hilfseinrichtungen, Band I und II. de Gruyter-Verlag, 1951.
Musil: Gesamtplanung von Dampfkraftwerken. Springer - Verlag, 1948.
Zietemann: Dampfturbinen (Berechnung, Theorie und Konstruktion), 2. Auflage. Springer-Verlag, Berlin 1955.

Zu 3. Eckert, B.: Axial-Kompressoren und Radial-Kompressoren. Springer-Verlag, 1953.
Kluge, F.: Kreiselgebläse und Kreiselverdichter, radiale Bauart. Springer-Verlag, 1953.

Zu 4. Müller, E.: Hydraulische Pressen und Druckflüssigkeitsanlagen Springer-Verlag, 1955.
Pfleiderer, C.: Die Kreiselpumpen. Springer-Verlag, 1955.

Allgemein:

Anhaltszahlen für die Wärmewirtschaft. Verlag Stahleisen, Düsseldorf.

Lüth, F.: Planung und Bau von Hüttenwerken. Springer-Verlag, 1952.

Dubbel: Taschenbuch für den Maschinenbau.

Hütte: Des Ingenieurs Taschenbuch.

Abnahmeversuche an Dampferzeugern (VDI - Dampferzeugerregeln, DIN 1942).

Regeln für Abnahmeversuche an Dampfturbinen, (VDI-Dampfturbinen-Regeln, DIN 1943).

Abnahmeversuche an Kreiselpumpen (VDI-Kreiselpumpen-Regeln, DIN 1944).

Abnahme- und Leistungsversuche an Verdichtern (VDI - Verdichter-Regeln, DIN 1945).

Register

Geisteswissenschaften

Philosophie

Einführung in die Philosophie von *H. Leisegang†*. 3. Aufl. 145 S. 1957 *(Bd. 281)*
Erkenntnistheorie von *G. Kropp*. 1. Teil: Allgemeine Grundlegung. 143 S. 1950 *(Bd. 807)*
Hauptprobleme der Philosophie von *G. Simmel†*. 7., unveränd. Aufl. 177 S. 1950 *(Bd. 500)*
Geschichte der Philosophie
I: Die griechische Philosophie von *W. Capelle*. 1. Teil. Von Thales bis Leukippos. 2., erw. Aufl. 135 S. 1953 *(Bd. 857)*
II: Die griechische Philosophie von *W. Capelle*. 2. Teil. Von der Sophistik bis zum Tode Platons. 2., stark erw. Aufl. 144 S. 1953 *(Bd. 858)*
III: Die griechische Philosophie von *W. Capelle*. 3. Teil. Vom Tode Platons bis zur alten Stoa. 2., stark erw. Aufl. 132 S. 1954 *(Bd. 859)*
IV: Die griechische Philosophie von *W. Capelle*. 4. Teil. Von der Alten Stoa bis zum Eklektizismus im 1. Jh. v. Chr. 2., stark erw. Aufl. 132 S. 1954 *(Bd. 863)*
V: Die Philosophie des Mittelalters von *J. Koch*. In Vorb. *(Bd. 826)*
VI: Von der Renaissance bis Kant von *K. Schilling*. 234 S. 1954 *(Bd. 394/394a)*
VII: Immanuel Kant von *G. Lehmann*. In Vorb. *(Bd. 536)*
VIII: Die Philosophie des 19. Jahrhunderts von *G. Lehmann*. 1. Teil. 151 S. 1953 *(Bd. 571)*
IX: Die Philosophie des 19. Jahrhunderts von *G. Lehmann*. 2. Teil. 168 S. 1953 *(Bd. 709)*
X: Die Philosophie im ersten Drittel des 20. Jahrhunderts I von *G. Lehmann*. In Vorb. *(Bd. 845)*
Die geistige Situation der Zeit (1931) von *K. Jaspers*. 4., unveränd. Abdruck der 1932 bearb. 5. Aufl. 211 S. 1955 *(Bd. 1000)*
Philosophisches Wörterbuch von *M. Apel†*. 5. Aufl., neub. von *P. Ludz* 1957. In Vorb. *(Bd. 1031/1031a)*
Philosophische Anthropologie. Menschliche Selbstdeutung in Geschichte und Gegenwart von *M. Landmann*. 266 S. 1955 *(Bd. 156/156a)*

Pädagogik, Psychologie Soziologie

Geschichte der Pädagogik von *Herm. Weimer*. 12., neub. u. verm. Aufl. von *Heinz Weimer*. 177 S. 1956 (*Bd. 145*)
Therapeutische Psychologie. Ihr Weg durch die Psychoanalyse von *W. M. Kranefeldt*. Mit einer Einführung von *C. G. Jung*. 3., unveränd. Aufl. 152 S. 1956 *(Bd. 1034)*
Allgemeine Psychologie von *Th. Erismann*. 1956. In Vorb. *(Bd. 831)*
Soziologie. Geschichte und Hauptprobleme von *L. von Wiese*. 5. Aufl. 162 S. 1954 *(Bd. 101)*
Sozialpsychologie von *P. R. Hofstätter*. 181 S., 15 Abb., 22 Tab. 1956 *(Bd. 104/104a)*
Psychologie des Berufs- und Wirtschaftslebens von *W. Moede*. 1956 In Vorb. *(Bd. 851)*
Industrie- und Betriebssoziologie von *R. Dahrendorf*. 120 S. 1956 *(Bd. 103)*

Religionswissenschaften

Jesus von *M. Dibelius†*. 2. Aufl. Unveränd. Nachdr. 137 S. 1949 *(Bd. 1130)*
Paulus von *M. Dibelius†*. Nach dem Tode des Verfassers herausgegeben und zu Ende geführt von *W. G. Kümmel*. 2. Aufl. 155 S. 1956 *(Bd. 1160)*
Römische Religionsgeschichte von *F. Altheim*. 2 Bde. 2., umgearb. Aufl.
I: Grundlagen und Grundbegriffe. 116 S. 1956 *(Bd. 1035)*
II: Der geschichtliche Ablauf. 164 S. 1956 *(Bd. 1052)*
Geschichte Israels von *E.-L. Ehrlich*. 1957. In Vorb. *(Bd. 231)*

Musik

Musikästhetik von *H. J. Moser.* 180 S. 1953 *(Bd. 344)*

Systematische Modulation von *R. Hernried.* 2. Aufl. 136 S. 1950 *(Bd. 1094)*

Der polyphone Satz von *E. Pepping.* 2 Bde.
1. Teil: Der cantus-firmus-Satz. 2. Aufl. 223 S. 1950 *(Bd. 1148)*
2. Teil: 1957. In Vorb. *(Bd. 1164/1164a)*

Allgemeine Musiklehre von *H. J. Moser.* 2., durchges. Aufl. 155 S. 1955 *(Bd. 220/220a)*

Harmonielehre von *H. J. Moser.* 2 Bde. I: 109 S. 1954 *(Bd. 809)*

Die Musik des 19. Jahrhunderts von *W. Oehlmann.* 180 S. 1953 *(Bd. 170)*

Die Musik des 20. Jahrhunderts I. von *W. Oehlmann.* In Vorb. *(Bd. 171)*

Technik der deutschen Gesangskunst von *H. J. Moser.* 3., durchges. und verb. Aufl. 144 S., 5 Fig. 1954 *(Bd. 576/576a)*

Die Kunst des Dirigierens von *H. W. von Waltershausen*†. 2. Aufl. 138 S. 1954 *(Bd. 1147)*

Die Technik des Klavierspiels aus dem Geiste des musikalischen Kunstwerkes von *K. Schubert*†. 3. Aufl. 110 S. 1954 *(Bd. 1045)*

Kunst

Stilkunde von *H. Weigert.* 2 Bde. 2. Aufl.
I: Vorzeit, Antike, Mittelalter. 136 S., 94 Abb. 1953 *(Bd. 80)*
II: Spätmittelalter und Neuzeit. 146 S., 84 Abb. 1953 *(Bd. 781)*

Archäologie von *A. Rumpf.* 2 Bde.
I: Einleitung, historischer Überblick. 143 S., 6 Abb., 12 Taf. 1953 *(Bd. 538)*
II: Die Archäologensprache. Die antiken Reproduktionen. 136 S., 7 Abb., 12 Taf. 1956 *(Bd. 539)*

Geschichte

Einführung in die Geschichtswissenschaft von *P. Kirn.* 2. Aufl. 121 S. 1952 *(Bd. 270)*

Zeitrechnung d. röm. Kaiserzeit, des Mittelalters und der Neuzeit für die Jahre 1—2000 n. Chr. von *H. Lietzmann*†. 3. Aufl., durchges von *K. Aland.* 130 S. 1956 *(Bd. 1085)*

Kultur der Urzeit von *F. Behn.* 3 Bde. 4. Aufl. der „Kultur der Urzeit". Bd. I—III von *M. Hoernes.*
I: Die vormetallischen Kulturen. (Die Steinzeiten Europas. Gleichartige Kulturen in anderen Erdteilen). 172 S., 48 Abb. 1950 *(Bd. 564)*
II: Die älteren Metallkulturen. (Der Beginn der Metallbenutzung. Kupfer- und Bronzezeit in Europa, im Orient und in Amerika). 160 S., 67 Abb. 1950 *(Bd. 565)*
III: Die jüngeren Metallkulturen. (Das Eisen als Kulturmetall. Hallstatt-Latène-Kultur in Europa. Das erste Auftreten des Eisens in den anderen Erdteilen). 149 S., 60 Abb. 1950 *(Bd. 566)*

Vorgeschichte Europas von *F. Behn.* Völlig neue Bearbeitung der 7. Aufl. der „Urgeschichte der Menschheit" von *M. Hoernes.* 125 S., 47 Abb. 1949 *(Bd. 42)*

Der Eintritt der Germanen in die Geschichte von *J. Haller.* 3. Aufl., durchges. von *H. Dannenbauer.* 120 S., 6 Ktnskizz. 1957 *(Bd. 1117)*

Von den Karolingern zu den Staufern von *J. Haller* †. Die altdeutsche Kaiserzeit (900—1250). 3. Aufl. 141 S., 4 Ktn. 1944 *(Bd. 1065)*

Deutsche Geschichte im Zeitalter der Reformation, der Gegenreformation und des 30jährigen Krieges von *F. Hartung.* 129 S. 1951 *(Bd. 1105)*

Deutsche Geschichte von 1648 bis 1740 von *W. Treue.* 120 S. 1956 *(Bd. 35)*

Deutsche Geschichte von 1713 bis 1806 von *W. Treue.* 168 S. 1957 *(Bd. 39)*

Quellenkunde der deutschen Geschichte im Mittelalter (bis zur Mitte des 15. Jahrhunderts) von *K. Jacob*†. 3 Bde.
I: Einleitung. Allgemeiner Teil. Die Zeit der Karolinger. 5. Aufl. 118 S. 1949 *(Bd. 279)*
II: Die Kaiserzeit (911—1250). 4. Aufl. 127 S. 1949 *(Bd. 280)*

III: Das Spätmittelalter (vom Interregnum bis 1500). Herausgeg. von *F. Weden*. 152 S. 1952 *(Bd. 284)*

Geschichte Englands von *H. Preller*.
I: bis 1815. 3., stark umgearb. Aufl. 135 S., 7 Stammtaf., 2 Ktn. 1952 *(Bd. 375)*
II: von 1815 bis 1910. 2., völlig umgearb. Aufl. 118 S., 1 Stammtaf., 7 Ktn. 1954 *(Bd. 1088)*

Römische Geschichte von *F. Altheim*. 4 Bde. 2., verb. Aufl.
I: Bis zur Schlacht bei Pydna (168 v. Chr.). 123 S. 1956 *(Bd. 19)*
II: Bis zur Schlacht bei Actium (31 v. Chr.). 130 S. 1956 *(Bd. 677)*

Geschichte der Vereinigten Staaten von Amerika von *O. Graf zu Stolberg-Wernigerode*. 192 S., 10 Ktn. 1956 *(Bd. 1051/1051a)*

Deutsche Sprache und Literatur

Geschichte der deutschen Sprache von *H. Sperber*. 2. Aufl., durchges. von *W. Fleischhauer*. 1957. In Vorb. *(Bd. 915)*

Deutsches Rechtschreibungswörterbuch von *M. Gottschald*. 2., verb. Aufl. 269 S. 1953 *(Bd. 200/200a)*

Deutsche Wortkunde. Eine kulturgeschichtliche Betrachtung des deutschen Wortschatzes von *A. Schirmer*. 3., durchges. Aufl. 109 S. 1949 *(Bd. 929)*

Deutsche Sprachlehre von *W. Hofstaetter*. 9., neubearb. Aufl. von *G. Spree*. 144 S. 1953 *(Bd. 20)*

Stimmkunde für Beruf, Kunst und Heilzwecke von *H. Biehle*. 111 S. 1955 *(Bd. 60)*

Redetechnik. Einführung in die Rhetorik von *H. Biehle*. 115 S. 1954 *(Bd. 61)*

Sprechen und Sprachpflege (Die Kunst des Sprechens) von *H. Feist*. 2., verb. Aufl. 99 S., 25 Abb. 1952 *(Bd. 1122)*

Deutsches Dichten und Denken von der germanischen bis zur staufischen Zeit von *H. Naumann*. (Deutsche Literaturgeschichte vom 5.—13. Jahrhundert). 2., verb. Aufl. 166 S. 1952 *(Bd. 1121)*

Deutsches Dichten und Denken vom Mittelalter zur Neuzeit von *G. Müller* (1270—1700). 2., durchges. Aufl. 159 S. 1949 *(Bd. 1086)*

Der Nibelunge Nôt in Auswahl mit kurzem Wörterbuch von *K. Langosch*. 10., durchges. Aufl. 164 S. 1956 *(Bd. 1)*

Kudrun- und Dietrichepen in Auswahl mit Wörterbuch von *O. L. Jiriczek*. 2. Aufl. bearb. von *R. Wisniewski*. 1957. In Vorb. *(Bd. 10)*

Wolfram von Eschenbach. Parzival. Eine Auswahl mit Anmerk. und Wörterbuch. Von *H. Jantzen*. 2. Aufl., bearb. von *H. Kolb*. 128 S. 1957 *(Bd. 921)*

Die deutschen Personennamen von *M. Gottschald*. 2., verb. Aufl. 151 S. 1955 *(Bd. 422)*

Althochdeutsches Elementarbuch von *H. Naumann*† und *W. Betz*. 2. Aufl. 156 S. 1954 *(Bd. 1111)*

Mittelhochdeutsche Grammatik von *H. de Boor* und *R. Wisniewski*. 141 S. 1956 *(Bd. 1108)*

Indogermanisch, Germanisch

Gotisches Elementarbuch. Grammatik, Texte mit Übersetzung und Erläuterungen von *H. Hempel*. 2., umgearb. Aufl. 165 S. 1953 *(Bd. 79)*

Indogermanische Sprachwissenschaft von *H. Krahe*. 3. Aufl. 1957. In Vorb. *(Bd. 59)*

Germanische Sprachwissenschaft von *H. Krahe*. 2 Bde. 3., neub. Aufl.
I: Einleitung und Lautlehre. 147 S. 1956. *(Bd. 238)*
II: Formenlehre. 149 S. 1957 *(Bd. 780)*

Altnordisches Elementarbuch von *F. Ranke*. Schrifttum, Sprache, Texte mit Übersetzung und Wörterbuch. 2., durchges. Aufl. 146 S. 1949 *(Bd. 1115)*

Englisch, Französisch Italienisch

Altenglisches Elementarbuch von *M. Lehnert*. Einführung, Grammatik, Texte mit Übersetzung und Wörterbuch. 3., verb. Aufl. 178 S. 1955 *(Bd. 1125)*

Historische neuenglische Laut- und Formenlehre von *E. Ekwall*. 3., durchges. Aufl. 150 S. 1956 *(Bd. 735)*

Englische Phonetik von *H. Mutschmann*†. 117 S. 1956. *(Bd. 601)*

Englische Literaturgeschichte. 4 Bde.
I: Die alt- und mittelenglische Periode v. *F. Schubel*. 163 S. 1954 *(Bd. 1114)*
II: Von der Renaissance bis zur Aufklärung von *F. Schubel*. 160 S. 1956 *(Bd. 1116)*
III: Romantik und Viktorianismus von *P. Meissner*†. 150 S. 1938 *(Bd. 1124)*
IV: Das 20. Jahrhundert von *P. Meissner*†. 150 S. 1939 *(Bd. 1136)*

Beowulf von *M. Lehnert*. Eine Auswahl mit Einführung, teilweiser Übersetzung, Anmerkungen und etymologischem Wörterbuch. 2., verb. Aufl. 135 S. 1949 *(Bd. 1135)*

Shakespeare von *P. Meissner*†. 2. Aufl. neubearb. von *M. Lehnert*. 136 S. 1954 *(Bd. 1142)*

Italienische Literaturgeschichte von *K. Vossler*†. Unveränd. Nachdr. der 1927 erschien. 4., durchges. und verb. Aufl. 148 S. 1948 *(Bd. 125)*

Romanische Sprachwissenschaft von *H. Lausberg*. 2 Bde. 1956.
I: Einleitung und Vokalismus. 160 S. *(Bd. 128/128a)*
II: Konsonantismus. 95 S. *(Bd. 250)*

Griechisch, Lateinisch

Griechische Sprachwissenschaft von *W. Brandenstein*. 2 Bde.
I: Einleitung, Lautsystem, Etymologie. 160 S. 1954 *(Bd. 117)*

Geschichte der griechischen Sprache. 2 Bde.
I: Bis zum Ausgang der klassischen Zeit von *O. Hoffmann*†. 3. Aufl. bearb. von *A. Debrunner*. 156 S. 1954 *(Bd. 111)*
II: Grundfragen und Grundzüge des nachklass. Griechisch. Von *A. Debrunner*. 144 S. 1954 *(Bd. 114)*

Geschichte der griechischen Literatur von *W. Nestle*. 2 Bde. 2., verb. Aufl.
I: Von den Anfängen bis auf Alexander d. Gr. 148 S. 1950 *(Bd. 70)*
II: Von Alexander d. Gr. bis zum Ausgang der Antike. 128 S. 1948 *(Bd. 557)*

Geschichte der lateinischen Sprache von *F. Stolz*†. 3., stark umgearb. Auflage von *A. Debrunner*. 136 S. 1953 *(Bd. 492)*

Hebräisch, Sanskrit, Russisch

Hebräische Grammatik von *G. Beer*†. 2 Bde. 2., völlig neub. Aufl. von *R. Meyer*
I: Schrift-, Laut- und Formenlehre I. 157 S. 1952 *(Bd. 763/763a)*
II: Formenlehre II. Syntax und Flexionstabellen. 195 S. 1955 *(Bd. 764/764a)*

Sanskrit-Grammatik von *M. Mayrhofer*. 89 S. 1953 *(Bd. 1158)*

Russische Grammatik von *E. Berneker*. 6., unveränd. Aufl. von *M. Vasmer*. 155 S. 1947 *(Bd. 66)*

Erd- und Länderkunde

Afrika von *F. Jaeger*. Ein geograph. Überblick. 2 Bde. 2., umgearb. Aufl.
I: Der Lebensraum. 179 S., 18 Abb. 1954 *(Bd. 910)*
II: Mensch und Kultur. 152 S., 6 Abb. 1954 *(Bd. 911)*

Iberoamerika von *O. Quelle*. In Vorb. *(Bd. 856)*

Australien und Ozeanien von *H. J. Krug*. 176 S., 46 Skizz. 1953 *(Bd. 319)*

Kartenkunde von *M. Eckert-Greifendorff*†. 3., durchges. Aufl. von *W. Kleffner*. 149 S., 63 Abb. 1950 *(Bd. 30)*

Volkswirtschaft, Publizistik

Allgemeine Betriebswirtschaftslehre von *K. Mellerowicz*. 3 Bde. 9., unveränd. Aufl.
I: 142 S. 1956 *(Bd. 1008)*
II: 112 S. 1956 *(Bd. 1153)*
III: 143 S. 1956 *(Bd. 1154)*

Allgemeine Volkswirtschaftslehre von *A. Paulsen*. 4 Bde.
I: Grundlegung, Wirtschaftskreislauf. 138 S. 1956 *(Bd. 1169)*
II: Haushalte, Unternehmungen, Marktformen. 163 S., 32 Abb. 1956 *(Bd. 1170)*

Zeitungslehre von *E. Dovifat*. 2 Bde. 3., neubearb. Aufl.
I: Theoretische und rechtliche Grundlagen — Nachricht und Meinung — Sprache und Form. 148 S. 1955 *(Bd. 1039)*
II: Redaktion — Die Sparten Verlag und Vertrieb, Wirtschaft und Technik, Sicherung der öffentlichen Aufgabe. 158 S. 1955 *(Bd. 1040)*

Naturwissenschaften

Mathematik

Geschichte der Mathematik von *J. E. Hofmann*. 3 Bde.
I: Von den Anfängen bis zum Auftreten von Fermat und Descartes. 200 S. 1953 *(Bd. 226)*
II: Von Fermat und Descartes bis zur Erfindung des Calculus und bis zum Ausbau der neuen Methoden. 1957. In Vorb. *(Bd. 875)*
III: Von den Auseinandersetzungen um Calculus bis zur Französischen Revolution. 1957. In Vorb. *(Bd. 882)*

Mathematische Formelsammlung von *F. Ringleb*. Vollst. umgearb. Neuausg. des Werkes von *O. Th. Bürklen*. 6., erw. Aufl. 278 S., 53 Fig. 1956 *(Bd. 51/51 a)*

Fünfstellige Logarithmen von *A. Adler*. Mit mehreren graphischen Rechentafeln und häufig vorkommenden Zahlwerten. 2. Aufl. Neudr. 127 S., 1 Taf. 1949 *(Bd. 423)*

Höhere Algebra von *H. Hasse*. 2 Bde. 3., verb. Aufl.
I: Lineare Gleichungen. 152 S. 1951 *(Bd. 931)*
II: Gleichungen höheren Grades. 158 S., 5 Fig. 1951 *(Bd. 932)*

Aufgabensammlung zur höheren Algebra von *H. Hasse* und *W. Klobe*. 2., verb. und verm. Aufl. 181 S. 1952 *(Bd. 1082)*

Elementare und klassische Algebra vom modernen Standpunkt von *W. Krull*. 2 Bde. 2., erw. Aufl.
I: 136 S. 1952 *(Bd. 930)*

Einführung in die Zahlentheorie von *A. Scholz*†. Überarb. und herausgeg. von *B. Schoeneberg*. 2. Aufl. 128 S. 1955 *(Bd. 1131)*

Elemente der Funktionentheorie von *K. Knopp*. 4. Aufl. 144 S., 23 Fig. 1955 *(Bd. 1109)*

Funktionentheorie von *K. Knopp*. 2 Bde.
I: Grundlagen der allgem. Theorie der analytischen Funktionen. 9. Aufl. 141 S., 8 Fig. 1957 *(Bd. 668)*
II: Anwendungen und Weiterführung der allgemeinen Theorie. 8./9. Aufl. 130 S., 7 Fig. 1955 *(Bd. 703)*

Aufgabensammlung zur Funktionentheorie von *K. Knopp*. 2 Bde. 4. Aufl.
I: Aufgaben zur elementaren Funktionentheorie. 135 S. 1949 *(Bd. 877)*
II: Aufgaben zur höheren Funktionentheorie. 151 S. 1949 *(Bd. 878)*

Repetitorium und Aufgabensammlung zur Differentialrechnung von *A. Witting*†. 3., neub. Aufl. von *E. Ulrich*. 1957. In Vorb. *(Bd. 146)*

Repetitorium und Aufgabensammlung zur Integralrechnung von *A. Witting*†. 3., neubearb. Aufl. von *E. Ulrich*. 1957. In Vorb. *(Bd. 147)*

Gewöhnliche Differentialgleichungen von *G. Hoheisel*. 5., durchges. Aufl. 129 S. 1956. *(Bd. 920)*

Partielle Differentialgleichungen v. *G. Hoheisel*. 3., neub. Aufl. 130 S. 1953 *(Bd. 1003)*

Aufgabensammlung zu den gewöhnlichen und partiellen Differentialgleichungen von *G. Hoheisel*. 2., umgearb. Aufl. 124 S. 1952 *(Bd. 1059)*

Integralgleichungen von *G. Hoheisel*. 2., durchges. Aufl. 1957. In Vorb. *(Bd. 1099)*

Mengenlehre von *E. Kamke*. 3., neub. Auflage. 194 S., 6 Fig. 1955 *(Bd. 999/999 a)*

Darstellende Geometrie von *W. Haack*. 3 Bde.
I: Die wichtigsten Darstellungsmethoden. Grund- und Aufriß ebenflächiger Körper. 110 S., 117 Abb. 1954 *(Bd. 142)*
II: Körper mit krummen Begrenzungsflächen. Kotierte Projektionen. 129 S., 86 Abb. 1954. *(Bd. 143)*
III: Axonometrie, Perspektive. Photogrammetrie. 127 S., 100 Abb. 1957 *(Bd. 144)*

Sammlung von Aufgaben und Beispielen zur analytischen Geometrie der Ebene von *R. Haussner*†. Mit den vollständigen Lösungen. 139 S., 22 Fig. Neudr. 1949 *(Bd. 256)*

Nichteuklidische Geometrie. Hyperbolische Geometrie der Ebene. Von

R. *Baldus*†. 3., verb. Aufl., durchges. und herausgeg. von *F. Löbell.* 140 S., 70 Fig. 1953 *(Bd. 970)*

Differentialgeometrie von *K. Strubecker* (früher Rothe). 3 Bde.
I: Kurventheorie der Ebene und des Raumes. 150 S., 18 Fig. 1955 *(Bd. 1113/1113a)*
II: Flächentheorie. 13 Fig. 1957. In Vorb. *(Bd. 1179/1179a)*
III: Theorie der Flächenkrümmung. 37 Fig. 1957. In Vorb. *(Bd. 1180/1180a)*

Einführung in die konforme Abbildung von *L. Bieberbach.* 5., erw. Aufl. 180 S., 42 Fig. 1956. *(Bd. 768/768a)*

Vektoren und Matrizen von *S. Valentiner.* 8., erw. Aufl. der „Vektoranalysis". 35 Fig. Mit Anh.: Aufgaben zur Vektorrechnung von *H. König.* 1957. In Vorb. *(Bd. 354/354a)*

Vermessungskunde von *P. Werkmeister.* 3 Bde.
II: Messung von Horizontalwinkeln. Festlegung von Punkten im Koordinatensystem. Absteckungen. 7. Aufl. 151 S., 93 Fig. 1949 *(Bd. 469)*
III: Trigonometrische und barometrische Höhenmessung. Tachymetrie und Topographie. 6. Aufl. 147 S., 64 Fig. 1949 *(Bd. 862)*

Versicherungsmathematik von *F. Böhm.* 2 Bde.
I: Elemente der Versicherungsrechnung. 3., verm. und verb. Aufl. Durchges. Neudr. 151 S. 1954 *(Bd. 180)*
II: Lebensversicherungsmathematik. Einführung in die technischen Grundlagen der Sozialversicherung. 2., verb. Aufl. 205 S. 1953 *(Bd. 917/917a)*

Physik

Einführung in die theoretische Physik von *W. Döring.* 5 Bde.
I: Mechanik. 119 S., 29 Abb. 1954 *(Bd. 76)*
II: Das elektromagnetische Feld. 123 S., 15 Abb. 1955 *(Bd. 77)*
III: Optik. 117 S., 32 Abb. 1956 *(Bd. 78)*
IV: Thermodynamik. 107 S., 9 Abb. 1956. *(Bd. 374)*
V: Statische Mechanik. 1957. In Vorb. *(Bd. 1017)*

Atomphysik von *K. Bechert* und *Ch. Gerthsen.* 7 Bde. 3., umgearb. Aufl.
I: Allgemeine Grundlagen. 1. Teil. 124 S., 55 Abb. 1955 *(Bd. 1009)*
II: Allgemeine Grundlagen. 2. Teil. 112 S., 48 Abb. 1955 *(Bd. 1033)*
III: Theorie des Atombaus. 1. Teil. 148 S., 16 Abb. 1954 *(Bd. 1123/1123a)*
IV: Theorie des Atombaus. 2. Teil. 170 S., 14 Abb. 1954 *(Bd. 1165/1165a)*

Differentialgleichungen der Physik von *F. Sauter.* 2. Aufl. 148 S., 16 Fig. 1950 *(Bd. 1070)*

Physikalische Formelsammlung von *G. Mahler*† und *K. Mahler.* 9., durchges. Aufl. 153 S. mit 69 Fig. 1955 *(Bd. 136)*

Physikalische Aufgabensammlung von *G. Mahler*† und *K. Mahler.* Mit den Ergebn. 9., durchges. Aufl. 127 S. 1957 *(Bd. 243)*

Chemie

Geschichte der Chemie in kurzgefaßter Darstellung von *G. Lockemann.* 2 Bde.
I: Vom Altertum bis zur Entdekkung des Sauerstoffs. 142 S., 8 Bildn. 1950 *(Bd. 264)*
II: Von der Entdeckung des Sauerstoffs bis zur Gegenwart. 151 S., 16 Bildn. 1955 *(Bd. 265/265a)*

Anorganische Chemie von *W. Klemm.* 9. Aufl. 184 S., 18 Abb. 1957 *(Bd. 37)*

Organische Chemie von *W. Schlenk.* 7., erw. Aufl. 1957. In Vorb. *(Bd. 38/38a)*

Allgemeine und physikalische Chemie von *W. Schulze.* 3 Bde. 4., neubearb. Aufl.
I: 139 S., 10 Fig. 1955 *(Bd. 71)*
II: 176 S., 37 Fig. 1956 *(Bd. 698/698a)*
III: 1956. In Vorb. *(Bd. 786)*

Analytische Chemie von *J. Hoppe.* 2 Bde. 5., verb. Aufl.
I: Reaktionen. 135 S. 1950 *(Bd. 247)*
II: Gang der qualitativen Analyse. 166 S. 1950 *(Bd. 248)*

Maßanalyse. Theorie und Praxis der klassischen und der elektrochemischen Titrierverfahren. Von *G. Jander* und *K. F. Jahr.* 7., erg. Aufl. 303 S., 50 Fig. 1956. *(Bd. 221/221a)*

Thermochemie von *W. A. Roth.* 2., verb. Aufl. 109 S., 16 Fig. 1952 *(Bd. 1057)*

Physikalisch-chemische Rechenaufgaben von *E. Asmus.* 2. Aufl. 95 S. 1949 *(Bd. 445)*

Stöchiometrische Aufgabensammlung. Mit den Ergebn. von *W. Bahrdt*† und *R. Scheer.* 6., durchges. Aufl. 118 S. 1957 *(Bd. 452)*

Elektrochemie und ihre physikalisch-chemischen Grundlagen von *A. Dassler.* 2 Bde.
I: 149 S., 21 Abb. 1950 *(Bd. 252)*
II: 178 S., 17 Abb. 1950 *(Bd. 253)*

Technologie

Warenkunde von *K. Hassak*† und *E. Beutel*†. 2 Bde. 7. Aufl. Neubearb. von *A. Kutzelnigg*
I: Anorganische Waren sowie Kohle und Erdöl. 116 S., 19 Fig. 1947 *(Bd. 222)*
II: Organische Waren. 143 S., 32 Fig. 1949 *(Bd. 223)*

Die Fette und Öle von *K. Braun*†. 5., völlig neubearb. und verb. Aufl. von *Th. Klug.* 145 S. 1950 *(Bd. 335)*

Die Seifenfabrikation von *K. Braun*†. 3., neubearb. und verb. Aufl. von *Th. Klug.* 116 S., 18 Abb. 1953 *(Bd. 336)*

Textilindustrie
I: Spinnerei und Zwirnerei. Von *A. Blümcke.* 111 S., 43 Abb. 1954 *(Bd. 184)*

Biologie

Einführung in die allgemeine Biologie von *M. Hartmann.* 132 S., 2 Abb. 1956. *(Bd. 96)*

Hormone von *G. Koller.* 2., neubearb. und erw. Aufl. 187 S., 60 Abb., 19 Tab. 1949 *(Bd. 1141)*

Fortpflanzung im Tier- und Pflanzenreich von *J. Hämmerling.* 2., erg. Aufl. 135 S., 101 Abb. 1951 *(Bd. 1138)*

Geschlecht und Geschlechtsbestimmung im Tier- und Pflanzenreich von *M. Hartmann.* 2., verb. Aufl. 116 S., 61 Abb., 7 Tab. 1951 *(Bd. 1127)*

Grundriß der allgemeinen Mikrobiologie von *W. Schwartz.* 2 Bde.
I: 104 S. 17 Abb. 1949 *(Bd. 1155)*
II: 93 S. 12 Abb. 1949 *(Bd. 1157)*

Symbiose der Tiere mit pflanzlichen Mikroorganismen von *P. Buchner.* 2., verb. und verm. Aufl. 130 S. 121 Abb. 1949 *(Bd. 1128)*

Botanik

Entwicklungsgeschichte des Pflanzenreiches von *H. Heil.* 2. Aufl. 138 S. 94 Abb. 1 Tab. 1950 *(Bd. 1137)*

Morphologie der Pflanzen von *L. Geitler.* 3. Aufl. 126 S. 114 Abb. 1953 *(Bd. 141)*

Pflanzenzüchtung von *H. Kuckuck* 2 Bde.
I: Grundzüge der Pflanzenzüchtung. 3., völlig umgearb. Aufl. 132 S. 22 Abb. 1952 *(Bd. 1134)*
II: Spez. gartenbaul. Pflanzenzüchtung. 178 S., 27 Abb. 1957 *(Bd. 1178/1178a)*

Die Laubhölzer. Kurzgefaßte Beschreibung der in Mitteleuropa gedeihenden Laubbäume und Sträucher. Von *F. W. Neger*† und *E. Münch*†. 3., durchges. Aufl. herausgeg. von *B. Huber.* 143 S. 63 Fig. 7 Tab. 1950 *(Bd. 718)*

Die Nadelhölzer (Koniferen) und übrigen Gymnospermen von *F. W. Neger*† und *E. Münch*†. 4. Aufl. Durchges. und erg. von *B. Huber.* 140 S., 75 Fig., 4 Tab., 3 Ktn. 1952 *(Bd. 355)*

Zoologie

Entwicklungsphysiologie der Tiere von *F. Seidel.* 2 Bde.
I: Ei und Furchung. 126 S., 29 Abb. 1953 *(Bd. 1162)*
II: Körpergrundgestalt und Organbildg. 159 S., 42 Abb. 1953 *(Bd. 1163)*

Das Tierreich.
Fische von *D. Lüdemann.* 130 S., 65 Abb. 1955 *(Bd. 356)*
Insekten von *H. von Lengerken.* 128 S., 58 Abb. 1953 *(Bd. 594)*
Lurche (Chordatiere) von *K. Herter.* 143 S., 129 Abb. 1955 *(Bd. 847)*
Spinnentiere (Trilobitomorphen, Fühlerlose) und Tausendfüßler. Von *A. Kaestner.* 96 S., 55 Abb. 1955 *(Bd. 1161)*
Würmer. Platt-, Hohl-, Schnurwürmer, Komptozoen, Ringelwürmer, Protracheaten, Bärtierchen,

Zungenwürmer. Von *S. Jaeckel.* 114 S., 36 Abb. 1955 *(Bd. 439)*
Weichtiere. Urmollusken, Schnekken, Muscheln, Kopffüßer. Von *S. Jaeckel.* 92 S., 34 Abb. 1954 *(Bd. 440)*
Stachelhäuter. Tentakulaten, Binnenatmer u. Pfeilwürmer. Von *S. Jaeckel.* 100 S., 46 Abb. 1955 *(Bd. 441)*
Schwämme und Hohltiere von *H. J. Hannemann.* 95 S., 80 Abb. 1956 *(Bd. 442)*
Krebse von *H. E. Gruner* und *K. Deckert.* 114 S., 43 Abb. 1956 *(Bd. 443)*
Einzeller, Protozoen von *E. Reichenow.* 115 S., 59 Abb. 1956 *(Bd. 444)*
Vergleichende Physiologie der Tiere von *K. Herter.* 2 Bde. 3. Aufl. der „Tierphysiologie".
I: Stoff- und Energiewechsel. 155 S., 64 Abb. 1950 *(Bd. 972)*
II: Bewegung und Reizerscheinungen. 148 S., 110 Abb. 1950 *(Bd. 973)*

Land- und Forstwirtschaft

Landwirtschaftliche Tierzucht. Die Züchtung und Haltung der landwirtschaftlichen Nutztiere von *H. Vogel.* 139 S., 11 Abb. 1952 *(Bd. 228)*
Kulturtechnische Bodenverbesserungen von *O. Fauser.* 2. Bde. 4., neubearb. Aufl.
I: Allgemeines, Entwässerung. 122 S., 47 Abb. 1947 *(Bd. 691)*
II: Bewässerung, Ödlandkultur, Umlegung. 150 S., 67 Abb. 1949 *(Bd. 692)*
Agrikulturchemie von *K. Scharrer.* 2 Bde.
I: Pflanzenernährung. 143 S. 1953 *(Bd. 329)*
II: Futtermittelkunde. 192 S. 1956. *(Bd. 330/330a)*

Geologie, Mineralogie Kristallographie

Geologie von *F. Lotze.* 176 S., 80 Abb. 1955 *(Bd. 13)*
Mineral- und Erzlagerstättenkunde von *H. Huttenlocher*†. 2 Bde.
I: 128 S., 34 Abb. 1954 *(Bd. 1014)*
II: 156 S., 48 Abb. 1954 *(Bd. 1015/1015a)*
Allgemeine Mineralogie. 9., erw. Aufl. der „Mineralogie" von *R. Brauns*† und *K. F. Chudoba.* 104 S., 107 Fig., 1 Taf., 2 Tab. 1955 *(Bd. 29)*
Spezielle Mineralogie. 9., erw. Aufl. der „Mineralogie" von *R. Brauns*† und *K. F. Chudoba.* 133 S., 105 Fig. 1955 *(Bd. 31)*
Petrographie (Gesteinskunde) von *W. Bruhns*† und *P. Ramdohr.* 4., durchges. Aufl. 104 S., 10 Fig. 1955 *(Bd. 173)*
Kristallographie von *W. Bruhns*† und *P. Ramdohr.* 4. Aufl. 106 S., 163 Abb. 1954 *(Bd. 210)*
Einführung in die Kristalloptik von *E. Buchwald.* 4., verb. Aufl. 138 S., 121 Fig. 1952 *(Bd. 619)*
Lötrohrprobierkunde. Mineraldiagnose mit Lötrohr- und Tüpfelreaktion. Von *M. Henglein.* 3., verb. Aufl. 91 S., 11 Fig. 1949 *(Bd. 483)*

Technik

Graphische Darstellung in Wissenschaft und Technik von *M. Pirani.* 3., verb. Aufl. bearb. von *J. Fischer.* 101 Abb. 1957. In Vorb. *(Bd. 728/728a)*

Elektrotechnik

Grundlagen der allgemeinen Elektrotechnik von *O. Mohr.* 3 Bde.
I: Die drei Feldformen. 96 S., 41 Abb., 6 Taf. 1956. *(Bd. 196)*
II: Die wichtigsten elektr. und phys. Grunderscheinungen. 95 S., 36 Abb., 7 Taf. 1956. *(Bd. 197)*
III: Schaltvorgänge, Widerstandsformen, Meßtechnik. 91 S., 59 Abb., 1 Taf. 1956. *(Bd. 198)*
Die Gleichstrommaschine von *K. Humburg.* 2 Bde. 2., durchges. Aufl.
I: 102 S., 59 Abb. 1956. *(Bd. 257)*
II: 101 S., 38 Abb. 1956. *(Bd. 881)*
Die synchrone Maschine von *K. Humburg.* Neudr. 109 S., 78 Abb. 1951 *(Bd. 1146)*

Induktionsmaschinen von *F. Unger.* 2., erw. Aufl. 142 S., 49 Abb. 1954 *(Bd. 1140)*

Die komplexe Berechnung von Wechselstromschaltungen von *H. H. Meinke.* 2 Aufl. 1957. In Vorb. *(Bd. 1156/1156a)*

Theoretische Grundlagen zur Berechnung der Schaltgeräte von *F. Kesselring.* 3. Aufl. 144 S., 92 Abb. 1950 *(Bd. 711)*

Einführung in die Technik selbsttätiger Regelungen von *W. zur Megede.* 174 S., 86 Abb. 1956 *(Bd. 714/714a)*

Elektromotorische Antriebe (Grundlagen für die Berechnung) von *A. Schwaiger.* 3., neubearb. Aufl. 96 S., 34 Abb. 1952 *(Bd. 827)*

Technische Tabellen und Formeln von *W. Müller.* 4., verb und erw. Aufl. von *E. Schulze.* 152 S., 105 Fig. 1951 *(Bd. 579)*

Überspannungen und Überspannungsschutz von *G. Frühauf.* Durchges. Neudr. 122 S., 98 Abb. 1950 *(Bd. 1132)*

Maschinenbau

Metallkunde von *H. Borchers.* 2 Bde. 3. Aufl.
I: Aufbau der Metalle und Legierungen. 120 S., 90 Abb., 2 Tab. 1956. *(Bd. 432)*
II: Eigenschaften, Grundzüge der Form und Zustandsgebung. 154 S., 100 Abb., 8 Tab. 1957 *(Bd. 433)*

Die Werkstoffe des Maschinenbaues von *H. Thum* und *C. M. von Meysenbug.* 2 Bde.
I: Einführung in die Werkstoffprüfung. 2., neubearb. Aufl. 100 S., 7 Tab., 56 Abb. 1956. *(Bd. 476)*

Dynamik von *W. Müller.* 2 Bde. 2., verb. Aufl.
I: Dynamik des Einzelkörpers. 128 S., 48 Fig. 1952 *(Bd. 902)*
II: Systeme von starren Körpern. 102 S., 41 Fig. 1952 *(Bd. 903)*

Technische Schwingungslehre von *L. Zipperer.* 2 Bde. 2., neubearb. Aufl.
I: Allgemeine Schwingungsgleichungen, einfache Schwinger. 120 S., 101 Abb. 1953 *(Bd. 953)*
II: Torsionsschwingungen in Maschinenanlagen. 102 S., 59 Abb. 1955 *(Bd. 961/961a)*

Werkzeugmaschinen für Metallbearbeitung von *K. P. Matthes.* 4 Bde.
I: 100 S., 27 Abb., 11 Zahlentaf., 1 Tafelanh. 1954 *(Bd. 561)*
II: Fertigungstechnische Grundlagen der neuzeitlichen Metallbearbeitung. 101 S., 30 Abb., 5 Taf. 1955 *(Bd. 562)*

Transformatoren von *W. Schäfer.* 3., überarb. u. erg. Aufl. 130 S., 73 Abb. 1957 *(Bd. 952)*

Das Maschinenzeichnen mit Einführung in das Konstruieren von *W. Tochtermann.* 2 Bde. 4. Aufl.
I: Das Maschinenzeichnen. 156 S., 77 Taf. 1950 *(Bd. 589)*
II: Ausgeführte Konstruktionsbeispiele. 130 S., 58 Taf. 1950 *(Bd. 590)*

Die Maschinenelemente von *E. A. vom Ende.* 3., verb. Aufl., 166 S., 175 Fig., 9 Taf. 1956. *(Bd. 3/3a)*

Maschinen der Eisenhüttenwerke von *L. Engel.* 1957. In Vorb. *(Bd. 583/583a)*

Walzwerke von *H. Sedlaczek.* 2 Bde.
I: Allgem. Verformungslehre, Grundelemente und Hilfseinrichtungen der Walzwerke. 90 Abb. 1957. In Vorb. *(Bd. 580)*
II: Die Walzwerke in Aufbau und Betrieb. 67 Abb. 1957. In Vorb. *(Bd. 581)*

Getriebelehre von *P. Grodzinski.* 2 Bde. 2., neubearb. Aufl.
I: Geometrische Grundlagen. 159 S., 142 Fig. 1953 *(Bd. 1061)*

Gießereitechnik von *H. Jungbluth.* 2 Bde.
I: Eisengießerei. 126 S., 44 Abb. 1951 *(Bd. 1159)*

Die Dampfkessel und Feuerungen einschließlich Hilfseinrichtungen in Theorie, Konstruktion und Berechnung von *W. Marcard†.* 2 Bde. 2. Aufl. Neubearb. von *K. Beck.*
I: Die theoretischen Grundlagen, Wärme, Verbrennung, Wärmeübertragung. 150 S., 42 Abb., 16 Tab. 1951 *(Bd. 9)*
II: Dampfkessel. 147 S., 43 Abb. 1952 *(Bd. 521)*

Dampfturbinen, ihre Wirkungsweise, Berechnung und Konstruktion von *C. Zietemann.* 3 Bde. 3., verb. Aufl.
I: Theorie der Dampfturbinen. 139 S., 48 Abb. 1955 *(Bd. 274)*

II: Die Berechnung der Dampfturbinen und die Konstruktion der Einzelteile. 132 S., 111 Abb. 1956 *(Bd. 715)*

III: Die Regelung der Dampfturbinen, die Bauarten, Turbinen für Sonderzwecke, Kondensationsanlagen. 126 S., 90 Abb. 1956 *(Bd. 716)*

Technische Thermodynamik von *W. Nußelt.* 3 Bde.

I: Grundlagen. 4., verb. Aufl. 144 S., 71 Abb. 1956. *(Bd. 1084)*

II: Theorie der Wärmekraftmaschinen. Neudr. 144 S., 87 Abb., 32 Zahlentaf. 1951 *(Bd. 1151)*

Autogenes Schweißen und Schneiden von *H. Niese.* 5. Aufl. Neubearb. von *A. Küchler.* 136 S., 71 Fig. 1954 *(Bd. 499)*

Die elektrischen Schweißverfahren von *H. Niese.* 2. Aufl. Neubearb. von *H. Dienst.* 136 S., 58 Abb. 1955 *(Bd. 1020)*

Hebezeuge. Entwurf von Winden und Kranen von *G. Tafel.* 2., verb. Aufl. 176 S., 230 Fig. 1954 *(Bd. 414/414a)*

Wasserbau

Wasserkraftanlagen von *A. Ludin* u. Mitarb. v. *W. Borkenstein.* 2 Bde.

I: Planung, Grundlagen und Grundzüge. 124 S., 60 Abb. 1955 *(Bd. 665)*

Verkehrswasserbau von *H. Dehnert.* 3 Bde.

I: Entwurfsgrundlagen, Flußregelungen. 103 S., 52 Abb. 1950 *(Bd. 585)*

II: Flußkanalisierung und Schifffahrtskanäle. 94 S., 60 Abb. 1950 *(Bd. 597)*

III: Schleusen und Hebewerke. 98 S., 70 Abb. 1950 *(Bd. 1152)*

Wehr- und Stauanlagen von *H. Dehnert.* 134 S., 90 Abb. 1952 *(Bd. 965)*

Talsperren von *F. Tölke.* 122 S., 70 Abb. 1953 *(Bd. 1044)*

Hoch- und Tiefbau

Die wichtigsten Baustoffe des Hoch- und Tiefbaus von *O. Graf.* 4., verb. Aufl. 131 S., 63 Abb. 1953 *(Bd. 984)*

Baustoffverarbeitung und Baustellenprüfung des Betons von *A. Kleinlogel.* 2., neubearb. und erw. Aufl. 126 S., 35 Abb. 1951 *(Bd. 978)*

Festigkeitslehre. 2 Bde.

I: Elastizität, Plastizität und Festigkeit der Baustoffe und Bauteile von *W. Gehler*† und *W. Herberg.* Durchges. und erw. Neudr. 159 S., 118 Abb. 1952 *(Bd. 1144)*

II: Formänderung, Platten, Stabilität und Bruchhypothesen von *W. Herberg* und *N. Dimitrov.* 187 S., 94 Abb. 1955 *(Bd. 1145/1145a)*

Grundlagen des Stahlbetonbaus von *A. Troche.* 2., neubearb. und erw. Aufl. 208 S., 75 Abb., 17 Bemessungstaf., 20 Rechenbeisp. 1953 *(Bd. 1078)*

Statik der Baukonstruktionen von *A. Teichmann.* 4 Bde.

I: Grundlagen. 100 S., 51 Abb., 8 Formeltaf. 1956 *(Bd. 119)*

II: Statisch bestimmte Stabwerke. 107 S., 52 Abb., 7 Taf. 1957 *(Bd. 120)*

Fenster, Türen, Tore aus Holz und Metall. Eine Anleitung zu ihrer guten Gestaltung, wirtschaftlichen Bemessung und handwerksgerechten Konstruktion von *W. Wickop.* 4., überarb. und erg. Aufl. 155 S., 95 Abb. 1955 *(Bd. 1092)*

Heizung und Lüftung von *J. Körting*† und *W. Körting.* 2 Bde. 8., neubearb. Aufl.

I: Das Wesen und die Berechnung der Heizungs- und Lüftungsanlagen. 140 S., 29 Abb., 18 Zahlentaf. 1951 *(Bd. 342)*

II: Die Ausführung der Heizungs- und Lüftunganlagen. 152 S., 165 Abb., 7 Zahlentaf. 1954 *(Bd. 343)*

Industrielle Kraft- und Wärmewirtschaft von *F. A. F. Schmidt* u. *A. Beckers.* 167 S., 69 Abb. 1957 *(Bd. 318/318a)*

SAMMLUNG GÖSCHEN / BANDNUMMERNFOLGE

1 Langosch, Der Nibelunge Nôt
3/3a v. Ende, Die Maschinenelemente
9 Marcard-Beck, Dampfkessel I
10 Jiriczek-Wisniewski, Kudrun- und Dietrichepen
13 Lotze, Geologie
19 Altheim, Röm. Geschichte I
20 Hofstaetter-Spree, Dt. Sprachlehre
29 Brauns-Chudoba, Allg. Mineralogie
30 Eckert-Greifendorff-Kleffner, Kartenkunde
31 Brauns-Chudoba, Spez. Mineralogie
35 Treue, Dt. Geschichte von 1648 bis 1740
37 Klemm, Anorganische Chemie
38/38a Schlenk, Organ. Chemie
39 Treue, Dt. Geschichte von 1713 bis 1806
42 Behn, Vorgeschichte Europas
51/51a Ringleb-Bürklen, Mathematische Formelsammlung
59 Krahe, Indogerm. Sprachwiss.
60 Biehle, Stimmkunde
61 Biehle, Redetechnik
66 Berneker-Vasmer, Russische Grammatik
70 Nestle, Griech. Literaturgesch. I
71 Schulze, Allg. u. phys. Chemie I
76 Döring, Einf. i. d. theoret. Physik I
77 Döring, – II
78 Döring, – III
79 Hempel, Gotisches Elementarb.
80 Weigert, Stilkunde I
96 Hartmann, Einf. i. d. allgem. Biologie
101 v. Wiese, Soziologie
103 Dahrendorf, Industrie- und Betriebssoziologie
104/104a Hofstätter, Sozialpsychologie
111 Hoffmann-Debrunner, Gesch. d. griechischen Sprache I
114 Debrunner, — II
117 Brandenstein, Griechische Sprachwissenschaft I
119 Teichmann, Statik der Baukonstruktionen I
120 Teichmann, - II
125 Vossler, Italienische Literaturgeschichte
128/128a Lausberg, Romanische Sprachwissenschaft I
136 Mahler, Physikalische Formelsammlung
141 Geitler, Morphol. der Pflanzen
142 Haack, Darst. Geometrie I
143 Haack, — II
144 Haack, — III
145 Weimer, Gesch. der Pädagogik
146 Witting, Repetitorium und Aufgabensammlung zur Differentialrechnung
147 Witting, Repetitorium und Aufgabensammlung zur Integralrechnung
156/156a Landmann, Philosophische Anthropologie
170 Oehlmann, Musik des 19. Jahrhunderts
171 Oehlmann, Musik des 20. Jahrhunderts I
173 Bruhns-Ramdohr, Petrographie
180 Böhm, Versicherungsmath. I
184 Blümcke, Spinnerei und Zwirnerei
196 Mohr, Grundlagen d. Elektrotechnik I
197 Mohr, – II
198 Mohr, – III
200/200a Gottschald, Dt. Rechtschreibungswörterbuch
210 Bruhns-Ramdohr, Kristallographie
220/220a Moser, Allg. Musiklehre
221/221a Jander-Jahr, Maßanalyse
222 Hassak-Beutel, Warenkunde I
223 Hassak-Beutel, – II
226 Hofmann, Geschichte der Mathematik I
228 Vogel, Landw. Tierzucht
231 Ehrlich, Geschichte Israels
238 Krahe, German. Sprachwiss. I
243 Mahler, Physikal. Aufgabensammlung
247 Hoppe, Analytische Chemie I
248 Hoppe, – II
250 Lausberg, Roman. Sprachwissenschaft II
252 Dassler, Elektrochemie I
253 Dassler, – II

256 Haussner, Aufgabensamml. zur analyt. Geometrie der Ebene
257 Humburg, Die Gleichstrommaschine I
264 Lockemann, Geschichte der Chemie I
265/265a Lockemann, – II
270 Kirn, Einführung in die Geschichtswissenschaft
274 Zietemann, Dampfturbinen I
279 Jacob, Quellenkunde der deutschen Geschichte I
280 Jacob, – II
281 Leisegang, Einführung in die Philosophie
284 Jacob-Weden, Quellenkunde der deutschen Geschichte III
318/318a Schmidt, Industrielle Kraft- und Wärmewirtschaft
319 Krug, Australien und Ozeanien
329 Scharrer, Agrikulturchemie I
330/330a Scharrer, – II
335 Braun-Klug, Fette und Öle
336 Braun-Klug, Seifenfabrikation
342 Körting, Heizung und Lüftung I
343 Körting, – II
344 Moser, Musikästhetik
354/354a Valentiner, Vektoren
355 Neger-Münch, Nadelhölzer
356 Lüdemann, Fische
374 Döring, Einf. in die theoret. Physik IV
375 Preller, Geschichte Englands I
394/394a Schilling, Von der Renaissance bis Kant
414/414a Tafel, Hebezeuge I
422 Gottschald, Dt Personennamen
423 Adler, Fünfstell. Logarithmen
432 Borchers, Metallkunde I
433 Borchers, — II
439 Jaeckel, Würmer
440 Jaeckel, Weichtiere
441 Jaeckel, Stachelhäuter
442 Hannemann, Schwämme und Hohltiere
443 Gruner-Deckert, Krebse
444 Reichenow, Einzeller
445 Asmus, Physikal.-chemische Rechenaufgaben
452 Bahrdt-Scheer, Stöchiometrische Aufgabensammlung
469 Werkmeister, Vermessungskunde II
476 Thum-Meysenbug, Die Werkstoffe des Maschinenbaus I
483 Henglein, Lötrohrprobierkunde
492 Stolz-Debrunner, Geschichte der lateinischen Sprache
499 Niese, Autogen. Schweißen
500 Simmel, Hauptprobleme der Philosophie
521 Marcard-Beck, Dampfkessel II
536 Lehmann, Kant
538 Rumpf, Archäologie I
539 Rumpf, – II
557 Nestle, Griechische Literaturgeschichte II
561 Matthes, Werkzeugmaschinen I
562 Matthes, – II
564 Behn, Kultur der Urzeit I
565 Behn, – II
566 Behn, – III
571 Lehmann, Philosophie des 19. Jahrhunderts I
576/576a Moser, Gesangskunst
579 Müller-Schulze, Techn. Tabellen
580 Sedlaczek, Walzwerke I
581 Sedlaczek, — II
583/583a Engel, Maschinen der Eisenhüttenwerke
585 Dehnert, Verkehrswasserbau I
589 Tochtermann, Maschinenzeichnen I
590 Tochtermann, – II
594 Lengerken, Insekten
597 Dehnert, Verkehrswasserbau II
601 Mutschmann, Engl. Phonetik
619 Buchwald, Kristalloptik
665 Ludin, Wasserkraftanlagen I
668 Knopp, Funktionentheorie I
677 Altheim, Röm. Geschichte II
691 Fauser, Kulturtechn. Bodenverbesserungen I
692 Fauser, – II
698/698a Schulze, Allgemeine und physikalische Chemie II
703 Knopp, Funktionentheorie II
709 Lehmann, Philosophie des 19. Jahrhunderts II
711 Kesselring, Berechnung der Schaltgeräte
714/714a zur Megede, Einf. in die Technik selbsttät. Regelungen
715 Zietemann, Dampfturbinen II
716 Zietemann, – III
718 Neger-Münch, Laubhölzer
728/728a Pirani, Graph. Darstellung
735 Ekwall, Historische neuengl. Laut und Formenlehre
763/763a Beer-Meyer, Hebräische Grammatik I
764/764a Beer-Meyer, – II

768/768a Bieberbach, Einführung in die konforme Abbildung
780 Krahe, Germ. Sprachwiss. II
781 Weigert, Stilkunde II
786 Schulze, Allgem. und physikalische Chemie III
807 Kropp, Erkenntnistheorie I
809 Moser, Harmonielehre I
826 Koch, Philosophie des Mittelalters
827 Schwaiger, Elektromotorische Antriebe
831 Erismann, Allg. Psychologie
845 Lehmann, Philosophie im ersten Drittel des 20. Jahrhunderts
847 Herter, Lurche
851 Moede, Psychologie des Berufs- und Wirtschaftslebens
856 Quelle, Iberoamerika
857 Capelle, Griech. Philosophie I
858 Capelle, – II
859 Capelle, – III
862 Werkmeister, Vermessungskunde III
863 Capelle, Griech. Philosophie IV
875 Hofmann, Gesch. d. Math. II
877 Knopp, Aufgabensammlung zur Funktionstheorie I
878 Knopp, — II
881 Humburg, Gleichstrommaschine II
882 Hofmann, Gesch. d. Math. III
902 Müller, Dynamik I
903 Müller, – II
910 Jaeger, Afrika I
911 Jaeger, – II
915 Sperber-Fleischhauer, Gesch. der deutschen Sprache
917/917a Böhm, Versicherungsmathematik II
920 Hoheisel, Gewöhnliche Differentialgleichungen
921 Jantzen-Kolb, W. v. Eschenbach. Parzival
929 Schirmer, Dt. Wortkunde
930 Krull, Elementare und klassische Algebra I
931 Hasse, Höhere Algebra I
932 Hasse, – II
952 Schäfer, Transformatoren
953 Zipperer, Techn. Schwingungslehre I
961/961a Zipperer, — II
965 Dehnert, Wehr- und Stauanl.
970 Baldus-Löbell, Nichteuklid. Geometrie
972 Herter, Tierphysiologie I
973 Herter, – II
978 Kleinlogel, Baustoffverarb. u. Baustellenprüf. des Betons
984 Graf, Die wichtigsten Baustoffe des Hoch- u. Tiefbaus
999/999a Kamke, Mengenlehre
1000 Jaspers, Geistige Situation
1003 Hoheisel, Partielle Differentialgleichungen
1008 Mellerowicz, Allgemeine Betriebswirtschaftslehre I
1009 Bechert-Gerthsen, Atomphysik I
1014 Huttenlocher, Mineral- und Erzlagerstättenkunde I
1015/1015a Huttenlocher, – II
1017 Döring, Einf. i. d. theoret. Physik V
1020 Niese-Dienst, Elektr. Schweißverfahren
1031/1031a Apel, Philosophisches Wörterbuch
1033 Bechert-Gerthsen, Atomphysik II
1034 Kranefeldt, Therapeutische Psychologie
1035 Altheim, Röm. Religionsgeschichte I
1039 Dovifat, Zeitungslehre I
1040 Dovifat, – II
1044 Tölke, Talsperren
1045 Schubert, Technik des Klavierspiels
1051/1051a Stolberg-Wernigerode, Gesch. der Verein. Staaten von Amerika
1052 Altheim, Röm. Religionsgeschichte II
1057 Roth, Thermochemie
1059 Hoheisel, Aufgabensammlung zu den gewöhnl. und partiellen Differentialgleichungen
1061 Grodzinski, Getriebelehre I
1065 Haller, Von den Karolingern zu den Staufern
1070 Sauter, Differentialgleichungen der Physik
1078 Troche, Stahlbetonbau
1082 Hasse-Klobe, Aufgabensamml. zur Höheren Algebra
1084 Nußelt, Technische Thermodynamik I
1085 Lietzmann, Zeitrechnung
1086 Müller, Dt. Dichten u. Denken

1088 Preller, Geschichte Englands II
1092 Wickop, Fenster, Türen, Tore
1094 Hernried, System. Modulation
1099 Hoheisel, Integralgleichungen
1105 Hartung, Dt. Geschichte im Zeitalter der Reformation
1108 de Boor-Wisniewski, Mittelhochdeutsche Grammatik
1109 Knopp, Elemente der Funktionentheorie
1111 Naumann-Betz, Althochdeutsches Elementarbuch
1113/1113a Strubecker, Differentialgeometrie I
1114 Schubel, Englische Literaturgeschichte I
1115 Ranke, Altnord. Elementarbuch
1116 Schubel, Englische Literaturgeschichte II
1117 Haller, Eintritt der Germanen in die Geschichte
1121 Naumann, Dt. Dichten und Denken
1122 Feist, Sprechen u. Sprachpflege
1123/1123a Bechert-Gerthsen, Atomphysik III
1124 Meissner, Englische Literaturgeschichte III
1125 Lehnert, Altengl. Elementarbuch
1127 Hartmann, Geschlecht und Geschlechtsbestimmung im Tier- und Pflanzenreich
1128 Buchner, Symbiose der Tiere mit pflanzl. Mikroorganismen
1130 Dibelius, Jesus
1131 Scholz-Schoeneberg, Einführung in die Zahlentheorie
1132 Frühauf, Überspannungen und Überspannungsschutz
1134 Kuckuck, Pflanzenzüchtung I
1135 Lehnert, Beowulf
1136 Meissner, Englische Literaturgeschichte IV
1137 Heil, Entwicklungsgeschichte des Pflanzenreichs
1138 Hämmerling, Fortpflanzung im Tier- und Pflanzenreich
1140 Unger, Induktionsmaschinen
1141 Koller, Hormone
1142 Meissner-Lehnert, Shakespeare
1144 Gehler-Herberg, Festigkeitslehre I
1145/1145a Herberg-Dimitrov, - II
1146 Humburg, Synchrone Maschine
1147 v. Waltershausen, Kunst des Dirigierens
1148 Pepping, Der polyphone Satz I
1151 Nußelt, Technische Thermodynamik II
1152 Dehnert, Verkehrswasserbau III
1153 Mellerowicz, Allgem. Betriebswirtschaftslehre II
1154 Mellerowicz, — III
1155 Schwartz, Mikrobiologie I
1156/1156a Meinke, Komplexe Berechn. der Wechselstromschaltungen
1157 Schwartz, Mikrobiologie II
1158 Mayrhofer, Sanskrit-Grammatik
1159 Jungbluth, Gießereitechnik I
1160 Dibelius-Kümmel, Paulus
1161 Kaestner, Spinnentiere
1162 Seidel, Entwicklungsphysiolog. der Tiere I
1163 Seidel, — II
1164/1164a Pepping, Der polyphone Satz II
1165/1165a Bechert-Gerthsen, Atomphysik IV
1169 Paulsen, Allgemeine Volkswirtschaftslehre I
1170 Paulsen, — II
1178/1178a Kuckuck, Pflanzenzüchtung II
1179/1179a Strubecker, Diff. Geometrie II
1180/1180a Strubecker, — III

AUTORENREGISTER

FSC
www.fsc.org
MIX
Papier | Fördert gute Waldnutzung
FSC® C083411

Zeitfracht Medien GmbH
Ferdinand-Jühlke-Straße 7
99095 Erfurt, Deutschland
produktsicherheit@kolibri360.de